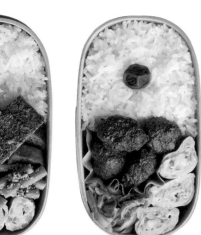

人間便當

讓你感動流淚的日本車站便當之書

井上雄

北歐設計

U0076368

持續製作十五年後的結論！

各位認為關於製作便當，最重要的是什麼呢？

是營養？還是美味程度？

當然，兩者都很重要。

不過，真正重要的應該是「持續製作」這件事，不是嗎？

● 因為擔心家人的身體健康，所以想要做便當。

● 考慮到家用開銷，所以從外食改成親自做便當。

● 因為自己做的話比較好吃，而且總覺得比較安心。

……等，開始便當生活的理由因人而異，

但不論哪一種便當都有個共通點，那就是

並非「只做1次的特別餐點」，

而是「每天都要做的餐點」。

正因如此，毫無壓力
並且能夠持之以恆就是最重要的事了。

要怎麼做，才能夠毫無壓力、
每天持之以恆地做便當呢？
經過不斷地摸索，我得到的答案就是，
「統一製作便當的流程」。

就像早上起床之後刷牙洗臉之類的「每日例行公事」一樣，
便當也都採用相同的流程來製作。
如此一來，身體就會慢慢記住製作便當的流程。

做便當只要掌握
一個流程就好。

使用的器具只有煎蛋捲鍋。

對我來說，要統一製作便當的流程時不可缺少的器具，

那就是煎蛋捲鍋。

只用這一個鍋子，包含主菜、配菜，當然還有煎蛋捲，全都用它來製作。

推薦使用煎蛋捲鍋的理由

- （不用說也知道）因為可以做出漂亮的煎蛋捲。
- 比平底鍋更能輕鬆地做出好看的外形。
- 能夠燙煮1人份的蔬菜，或是煎、炒、煮肉類和海鮮類。雖然製作炸物有點困難，但若是半煎炸就辦得到。
- 尺寸比普通的平底鍋小，熱傳導快，所以調理時間也會變短。
- 因為只用一個器具，所以稍後的收拾工作會很輕鬆。

我使用的煎蛋捲鍋是這個！

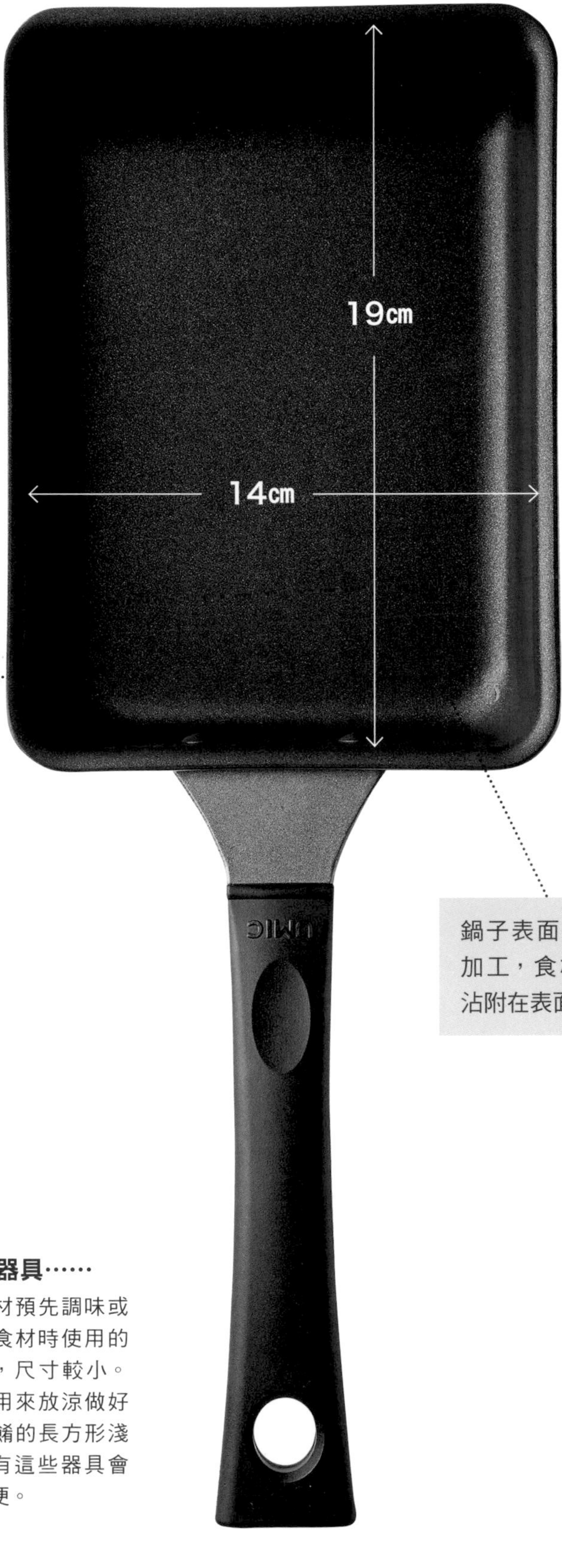

19cm

14cm

尺寸是14×19cm，深度是4cm。這是標準的尺寸。

鍋子表面經過塗層加工，食材不容易沾附在表面。

其他器具⋯⋯
為食材預先調味或是拌食材時使用的缽盆，尺寸較小。以及用來放涼做好的菜餚的長方形淺盤，有這些器具會很方便。

菜餚有３道。
主要的食材只有３種。

３道菜餚指的是：肉類或海鮮類的主菜、蔬菜的配菜、煎蛋捲。

使用煎蛋捲鍋製作的３道菜餚，作法大致上是這樣的感覺。

1
熱水煮滾之後，用來燙煮蔬菜。

只要以調味料拌燙煮過的蔬菜，配菜就完成了。

2
倒掉熱水之後，這次要做的是煎蛋捲。

即使煎過蛋，煎蛋捲鍋也幾乎不會弄髒，所以直接進行接下來的調理工作。

3

最後以肉類或海鮮類
來製作主菜。

每天都是重複這個流程。

即使不擅長做料理，即使很忙碌，如果是這麼單純的3個步驟，就會覺得自己似乎也辦得到吧？

使用的食材也只有蔬菜1、蛋1、肉（或海鮮）1，總共3種。因為種類少，所以前置作業不用花太長的時間。調味也是使用廚房裡現有的調味料，非常簡單。

不過，請看一看製作完成的便當。營養好像也非常均衡，而且看起來很美味吧？

耗時十五年編寫出來的「藤井便當」。

您要不要也試做看看呢？

目錄

本書的使用規則

關於便當

便當盒使用的是500㎖的製品。

除了幼兒園的孩童和胃口很好的男學生之外，以大約這樣的容量為標準就好了。

米飯裝入150g。

預先記住大約是飯碗1碗的分量就很簡單。

前一天有空的話，預先燙煮蔬菜備用，當天會更輕鬆。

預先燙煮蔬菜的話，就可以省下「把水煮滾」、「切蔬菜」、「燙煮蔬菜」這3個工序。配合自己的生活型態，把能做的事情先做好，也是製作便當得以長久持續下去的重點。

生薑泥和蒜泥使用「軟管裝」的產品也沒關係。

不管是生薑還是大蒜，剛磨成泥時的風味絕對比較好，但是製作便當是在和時間賽跑。使用不需花費工夫也不用清洗器具的市售軟管裝產品，更有效率地製作，也是長久持續下去的訣竅。

介紹菜色組合的範例。

在PART2的「肉類和海鮮類菜餚篇」當中，介紹了搭配各種主菜的配菜（當然，除了推薦的菜色之外，還有其他很多可以搭配的配菜）。請在考慮便當的菜色組合時作為參考。也可以當成便當盛裝方法的參考。

關於標示

● 1大匙＝15㎖，1小匙＝5㎖，1杯＝200㎖。

關於器具

● 煎蛋捲鍋使用的是經過塗層加工的產品。尺寸大小請參照第5頁。
● 微波爐的加熱時間以600W的微波爐為標準。500W的微波爐請將加熱時間改為1.2倍，700W的微波爐請改為0.8倍。此外，加熱時間會因機型的不同而有些微差異，請遵照使用說明書的指示，視加熱情況調整。

關於調味料

● 鹽使用的是「天然鹽」。如果使用的是精製鹽或鹹味很重的鹽，請比指定的分量少一點，一邊試味道一邊調整。
● 醬油使用的是「濃口醬油」，橄欖油使用的是「特級初榨橄欖油」。

關於作法

● 本書的食譜介紹的是從清洗食材完成之後開始的步驟。請適當地進行製作。
● 火勢大小只要沒有特別標注，就全部都是使用中火。

「鍋井車煮」調理

便用前記更接觸

見壺試做5天看看！

PART 1

把米飯盛裝在便當盒裡，
⇩
然後用煎蛋捲鍋把水煮滾。
⇩
完成蔬菜、蛋、肉（或海鮮）的
前置作業之後，
⇩
燙煮蔬菜再用調味料拌勻，
⇩
然後煎蛋，
⇩
最後調理肉（或海鮮）。
⇩
切好煎蛋捲之後，
把菜餚盛裝在便當盒裡。

重複進行這個流程，試著做個5天吧。

這麼一來，神奇的是「身體」就會開始記得怎麼做便當了。

要是覺得抓不住那種感覺的話，

請再試著做一次5天的便當。

就像肌肉訓練一樣，應該慢慢地就會產生效果了。

雞肉只用鹽、胡椒調味後再煎過。
青花菜只用鹽水汆燙。
煎蛋捲用砂糖和醬油做成鹹甜的味道。
第一個登場的「藤井便當」
是個簡單又能讓人深刻
感受到美味的便當。

便當1

▼胡椒鹽煎雞肉
▼鹽水燙青花菜
▼鹹甜煎蛋捲

FAVORITE

準 備

● **把水煮滾**

將1杯水、1小匙鹽放入煎蛋捲鍋中煮滾。

● **盛裝米飯**

在製作菜餚之前先將溫熱的米飯平平地填滿便當盒，就這樣放著讓米飯變涼。

胡椒鹽煎雞肉
材料（1人份）
雞腿肉…⅓片（80g）
鹽…2小撮（⅙小匙）
胡椒…少量
沙拉油…½小匙

鹽水燙青花菜
材料（1人份）
青花菜…⅙棵（60g）
鹽…1小匙

鹹甜煎蛋捲
材料（1人份）
蛋…1顆
A ┌ 水…1大匙
  │ 砂糖…½大匙
  └ 醬油…⅓小匙
沙拉油…½小匙

如果太大朵，
就再切成一半

青花菜
切成小朵。

將A放入缽盆中混合，
加入蛋之後打散成蛋液。

雞肉切成一口大小，
放入缽盆中
以鹽、胡椒拌勻沾裹。

3 製作煎蛋捲

（詳細作法在P.104～105）

2 燙煮青花菜

再做1次！

放涼！

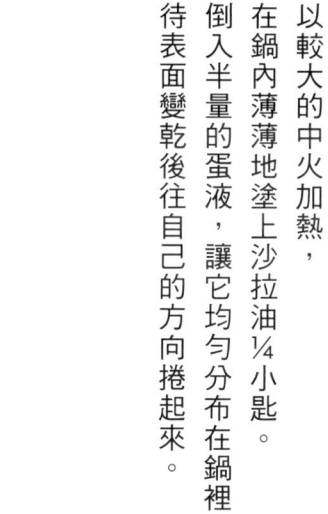

放涼！

將煎蛋捲鍋中的熱水倒掉，
以較大的中火加熱，
在鍋內薄薄地塗上沙拉油¼小匙。
倒入半量的蛋液，讓它均勻分布在鍋裡，
待表面變乾後往自己的方向捲起來。

再一次在鍋內薄薄地塗上
沙拉油¼小匙。倒入剩餘的蛋液
讓它均勻分布，待表面變乾後
往自己的方向捲起來，
取出放在長方形淺盤中放涼。

將青花菜放入已經煮滾的熱水中，
偶爾用筷子翻面，
燙煮1分30秒。
燙好之後取出，放在鋪上
廚房紙巾的長方形淺盤中放涼。

17

5 切煎蛋捲

配合便當盒的深度，
切成4等分也OK！

將煎蛋捲切成3等分。

4 煎雞肉

放涼！

在煎蛋捲鍋中加熱沙拉油，
然後將雞肉皮朝下放入煎鍋中，
煎的時候以鍋鏟壓著雞肉。
煎成漂亮的金黃色之後
翻面再煎3～4分鐘，
取出放在長方形淺盤中放涼。

由於米飯和菜餚
都已經放涼了，
即使立刻蓋上盒蓋
也沒問題！

將青花菜滿滿地塞在空隙之間。

接著裝入雞肉。

先放入煎蛋捲。

完成！

番茄醬豬肉片

鹽水燙綠蘆筍

奶油風味煎蛋捲

主角是以番茄醬拌勻後
煎得香噴噴的豬肉片。
煎蛋捲用奶油來煎,
做成歐姆蛋風味。

1 前置作業

START!

綠蘆筍切成
3〜4cm的長度。

底部的硬皮要
以削皮刀削除

▼

將A混合,
加入蛋之後
打散成蛋液。

▼

豬肉以番茄醬、
醬油拌勻沾裹。

奶油風味煎蛋捲
材料（1人份）
蛋…1顆
A ┌ 水…1大匙
  │ 砂糖…½大匙
  └ 醬油…⅓小匙
奶油…5g

鹽水燙綠蘆筍
材料（1人份）
綠蘆筍…2根
鹽…1小匙

番茄醬豬肉片
材料（1人份）
豬里肌肉薄片
　…4片（80g）
番茄醬…2大匙
醬油…1小匙
沙拉油…½小匙

準 備

● 把水煮滾
將1杯水、1小匙鹽放入
煎蛋捲鍋中煮滾。

● 盛裝米飯
將米飯平平地填滿便當盒,
就這樣放著讓米飯變涼。

2 燙煮綠蘆筍

將綠蘆筍放入已經煮滾的熱水中燙煮1分鐘。

燙好之後放在淺盤中放涼!

3 製作煎蛋捲

在煎蛋捲鍋中以較大的中火融化半量的奶油,倒入半量的蛋液然後捲起來。剩下的蛋液也以相同作法捲起來。

（詳細作法在P.104～105）

煎好之後放在淺盤中放涼!

4 煎豬肉

將沙拉油燒熱,然後將豬肉的兩面,各煎1～2分鐘。

煎好之後放在淺盤中放涼!

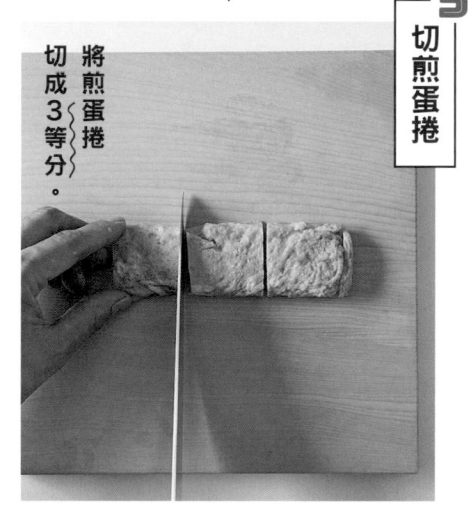

5 切煎蛋捲

將煎蛋捲切成3等分。

6 盛裝在便當盒裡

依照順序盛裝煎蛋捲、豬肉、綠蘆筍。

完成!

便當3

▼ 煎薄鹽鮭魚
▼ 柴魚片拌四季豆
▼ 芝麻油香煎蛋捲

沾滿酒之後
鮭魚會變得鬆軟。
四季豆用柴魚片拌勻，
做成純日式風味便當。

1 前置作業

START!

四季豆
將長度
切成3～4等分。

蒂頭要切除！

▼

將A混合，
加入蛋之後
打散成蛋液。

▼

鮭魚
切成一半，
沾滿酒。

芝麻油香煎蛋捲
材料（1人份）
蛋⋯1顆
A┌水⋯1大匙
　└鹽⋯1小撮（0.5g）
芝麻油⋯½小匙

**柴魚片
拌四季豆**
材料（1人份）
四季豆⋯5根
醬油⋯½小匙
柴魚片⋯⅓袋（1g）

煎薄鹽鮭魚
材料（1人份）
薄鹽鮭魚⋯1片
酒⋯1小匙
沙拉油⋯½小匙

準備

● **把水煮滾**
將1杯水放入煎蛋捲鍋中煮滾。

● **盛裝米飯**
將米飯平平地填滿便當盒，就這樣放著讓米飯變涼。

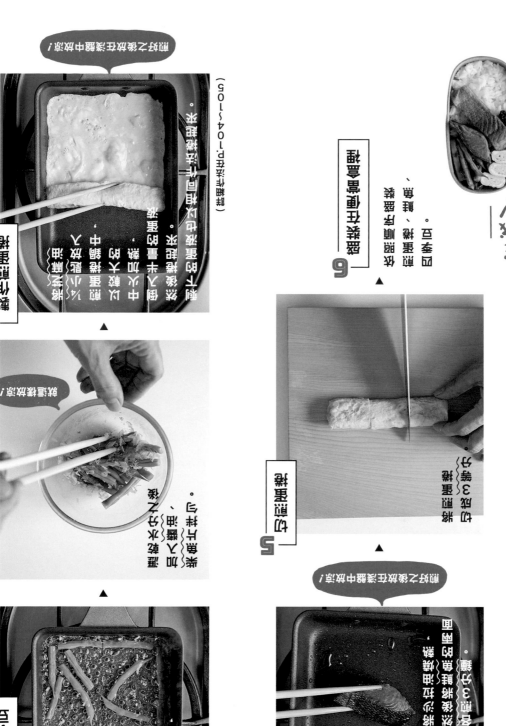

▼薑燒豬肉
▼韓式涼拌高麗菜
▼橄欖油風味煎蛋捲

很下飯的人氣菜色
也適合做成便當。
以韓式涼拌高麗菜
取代高麗菜絲。

1 前置作業

硬的菜梗要切除！

高麗菜切成較小片的一口大小。

START！

將B混合，加入蛋之後打散成蛋液。

豬肉以A拌勻沾裹。

橄欖油風味煎蛋捲
材料（1人份）
蛋…1顆
B[水…1大匙
　 鹽…1小撮（0.5g）
橄欖油…½小匙

韓式涼拌高麗菜
材料（1人份）
高麗菜…2片（100g）
鹽…1小匙
芝麻油…少許

薑燒豬肉
材料（1人份）
豬里肌肉薄片…4片（80g）
A[醬油…2小匙
　 味醂…1小匙
　 生薑泥…1小匙
沙拉油…½小匙

準備

● 把水煮滾
將1杯水、1小匙鹽放入煎蛋捲鍋中煮滾。

● 盛裝米飯
將米飯平平地填滿便當盒，就這樣放著讓米飯變涼。

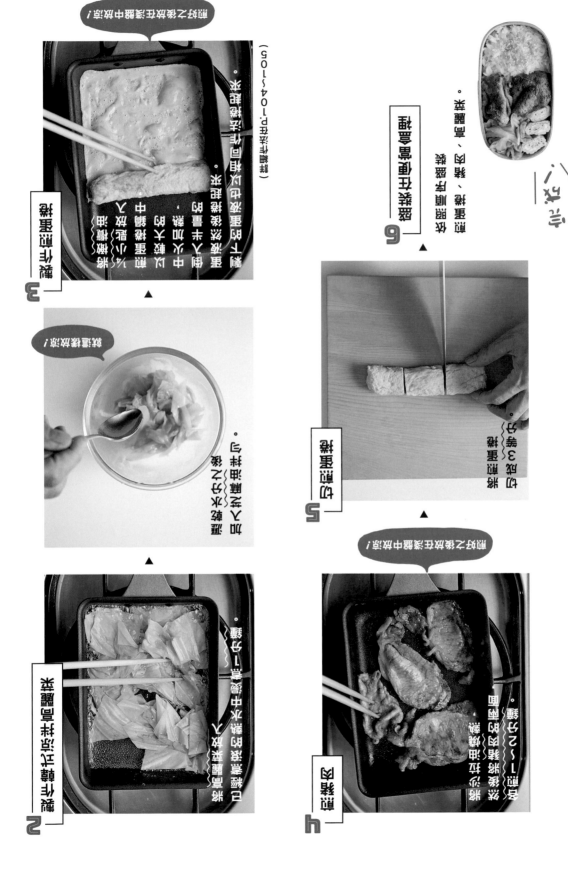

2 製作高麗菜絲

已經變軟後挾起放入濾網中，放涼約1分鐘。

煮過後挾起放涼!

3 製作玉子燒

蛋液加入高湯、砂糖、鹽、中濃醬汁攪拌混合，倒入蛋捲煎鍋中煎熟。

（詳細作法請見P.104～105）

煎好之後放在濾網中放涼!

4 煎肉

放上豬肉片煎至上色，翻面後再煎約1～2分鐘。

煎好之後放在濾網中放涼!

5 切成適口大小

將玉子燒切成3等分。

6 盛飯並擺上配料

盛飯後擺上高麗菜絲、煎肉、玉子燒，最後點綴。

完成!

便當5

▼ 雞肉燥
▼ 鹽水燙豌豆莢
▼ 炒蛋

永遠的經典「三色便當」也只需要使用煎蛋捲鍋就能有效率地製作。

1 前置作業

START!

豌豆莢去筋之後斜切成一半。

▼

將B混合，加入蛋之後打散成蛋液。

▼

將雞絞肉和A混拌均勻。

炒蛋
材料（1人份）
蛋…1顆
B ┌ 水…1大匙
  └ 鹽…1小撮（0.5g）

鹽水燙豌豆莢
材料（1人份）
豌豆莢…8片
鹽…1小匙

雞肉燥
材料（1人份）
雞絞肉…80g
A ┌ 醬油…½大匙
  │ 砂糖…½大匙
  └ 生薑泥…1小匙

準 備

● 把水煮滾
將1杯水、1小匙鹽放入煎蛋捲鍋中煮滾。

● 盛裝米飯
將米飯平平地填滿便當盒，就這樣放著讓米飯變涼。

2 製作豌豆莢
放入豌豆莢，蓋上鍋蓋，以中火蒸約30秒。

3 製作炒蛋
倒入蛋液，以中火加熱，用長筷快速攪拌至半熟後盛起。

4 製作雞鬆
倒入雞絞肉，以中火加熱，用長筷快速攪拌約3～4分，直到變乾鬆散。

5 完成便當組合
盛入白飯，再依序放上雞鬆、炒蛋、豌豆莢即完成。

放入鍋中放在溫醬之後!

完成／

肉類和海鮮類菜餚篇

用煎蛋捲鍋製作的第3道菜。

這裡！

首先，請各位大略瀏覽一下這個章節的食譜。

肉類或海鮮類1人份的分量全～部都是「80g」，注意到了嗎？

很容易懂對吧？

肉類或海鮮類都是使用容易取得、容易煮熟的食材，

調味方面，則是使用廚房現有的調味料。

雖然沒有唐揚雞塊、漢堡排，也沒有肉捲，

但是使用1個煎蛋捲鍋、1種食材，

一樣也能做出變化豐富的菜餚！

也請務必參考與配菜、煎蛋捲的組合範例。

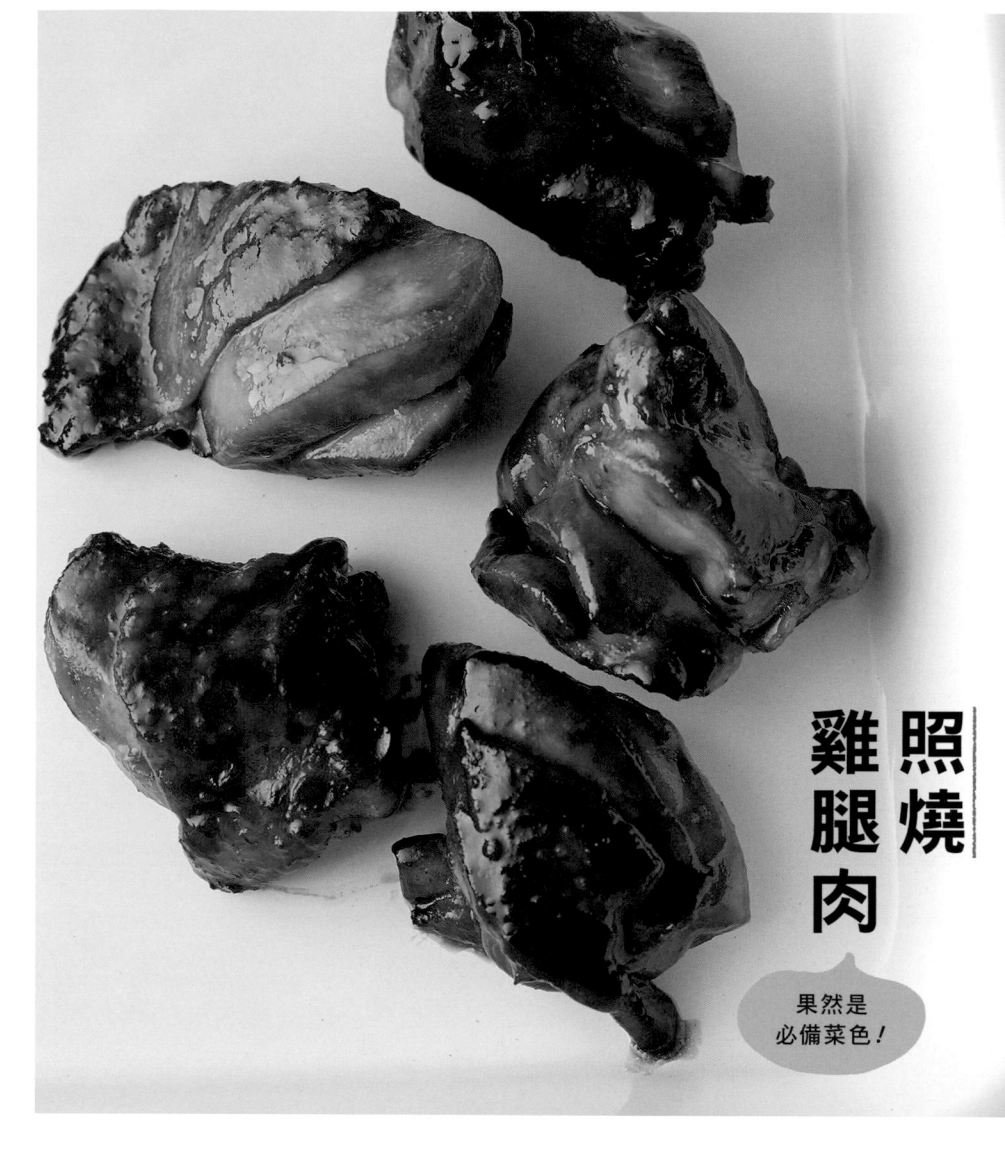

雞肉的菜餚

照燒雞腿肉

果然是
必備菜色！

作法

1 雞肉切成一口大小。

2 將1放入缽盆中，以A拌勻沾裹。

3 在煎蛋捲鍋中加熱沙拉油，瀝乾雞肉的醬汁，將皮朝下放入鍋中煎。煎成漂亮的金黃色之後翻面，再煎3～4分鐘，然後加入殘留在缽盆中的醬汁，沾裹在雞肉上面。取出後放在長方形淺盤中放涼。

材料（1人份）

雞腿肉…⅓片（80g）

A ┌ 醬油…2小匙
　├ 酒…1小匙
　└ 砂糖…1小匙

沙拉油…½小匙

推薦的 配 菜

▶ 青花菜拌芝麻鹽（P.86）

▶ 綠蘆筍拌咖哩美乃滋（P.94）

▶ 西洋芹拌筍乾（P.95）

略帶一點
烤雞肉串的風味

清爽的味道
令人意猶未盡

七味粉炒雞胸肉

材料（1人份）

雞胸肉（去皮）…小½片（80g）

A ┌ 酒…1小匙
　└ 鹽…2小撮（⅕小匙）

沙拉油…½小匙

七味辣椒粉…少量

作法

1 雞肉斜切成一口大小。

2 將1放入缽盆中，以A拌勻沾裏。

3 在煎蛋捲鍋中加熱沙拉油，炒雞肉。
表面炒出焦色之後撒上七味辣椒粉，
沾裏在雞肉上面。取出後放在長方形
淺盤中放涼。

推薦的 配菜

▶ 青椒拌紅紫蘇（P.88）

▶ 甜椒拌滑菇（P.88）

▶ 秋葵拌海苔醬（P.95）

鹽味薑燒雞腿肉

材料（1人份）

雞腿肉…⅓片（80g）

A ┌ 生薑泥…1小匙
　│ 酒…1小匙
　└ 鹽…2小撮（⅕小匙）

沙拉油…½小匙

作法

1 雞肉切成一口大小。

2 將1放入缽盆中，以A拌勻沾裏。

3 在煎蛋捲鍋中加熱沙拉油，將雞肉的
皮朝下放入鍋中煎。煎成漂亮的金黃
色之後翻面，再煎3～4分鐘。取出
後放在長方形淺盤中放涼。

推薦的 配菜

▶ 四季豆拌海苔（P.87）

▶ 四季豆拌芥末籽醬（P.87）

▶ 青椒拌紅紫蘇（P.88）

▶青花菜
拌芝麻鹽（P.86）

▶乳酪粉煎蛋捲
（P.106）

▶照燒雞腿肉
（P.30）

▶ **鹽味薑燒雞腿肉**（P.31）　　　　　　▶ 四季豆拌海苔（P.87）

▶ 咖哩奶油煎蛋捲（P.106）

▶ **七味粉炒雞胸肉**（P.31）　　　　　　▶ 美乃滋風味煎蛋捲（P.106）

▶ 青椒拌紅紫蘇（P.88）

表面油亮&
味道濃郁！

美乃滋煎雞腿肉

作法

1 雞肉切成一口大小。

2 將1放入缽盆中，以A拌勻沾裹。

3 將美乃滋放入煎蛋捲鍋中加熱，大約融化一半之後，將雞肉的皮朝下放入鍋中煎。煎成漂亮的金黃色之後翻面，再煎3～4分鐘。取出後放在長方形淺盤中放涼。

材料（1人份）

雞腿肉…⅓片（80g）

A[鹽…¼小匙
胡椒…少量]

美乃滋…½大匙

推薦的 配菜

▶ 高麗菜拌伍斯特醬柴魚片（P.89）

▶ 青江菜拌蠔油（P.91）

▶ 綠蘆筍拌滑菇（P.94）

雞胸肉煮成
濃郁的味道

用醋增添
酸味和鮮味

蠔油煮雞胸肉

番茄醬煮雞腿肉

材料（1人份）

雞胸肉（去皮）…小½片（80g）

A ┌ 蠔油…2小匙
　│ 生薑泥…½小匙
　└ 鹽…1小撮（0.5g）

作法

1. 雞肉斜切成一口大小。

2. 將**1**放入缽盆，以**A**拌勻沾裹。

3. 將**2**、水1大匙放入煎蛋捲鍋中開火加熱。偶爾翻面，煮3～4分鐘，直到煮汁變濃稠為止。取出後放在長方形淺盤中放涼。

材料（1人份）

雞腿肉…⅓片（80g）

A ┌ 番茄醬…2大匙
　│ 醋…1小匙
　└ 蒜泥…少量

作法

1. 雞肉切成一口大小。

2. 將**1**放入缽盆，以**A**拌勻沾裹。

3. 將**2**、水1大匙放入煎蛋捲鍋中開火加熱。偶爾翻面，煮3～4分鐘，直到煮汁變濃稠為止。取出後放在長方形淺盤中放涼。

推薦的 配菜

▶ 青花菜拌美乃滋七味粉（P.86）
▶ 青江菜拌筍乾（P.91）
▶ 西洋芹拌筍乾（P.95）

推薦的 配菜

▶ 甜椒拌橄欖油（P.88）
▶ 小松菜拌魩仔魚（P.90）
▶ 菠菜拌乳酪粉（P.92）

魩仔魚
煎蛋捲（P.110）

▶高麗菜拌
伍斯特醬柴魚片（P.89）

**美乃滋煎
雞腿肉**（P.34）

▶小松菜
　拌鯻仔魚（P.90）

▶海苔捲風格煎蛋捲（P.110）

▶ **番茄醬煮
雞腿肉**（P.35）

▶明太子煎蛋捲（P.110）

▶青江菜拌筍乾（P.91）　　▶ **蠔油煮雞胸肉**（P.35）

材料（1人份）

雞胸肉（去皮）…小½片（80g）

A［酒…1小匙
　柚子胡椒…½小匙］

麵粉…1大匙

沙拉油…適量

作法

1 雞肉斜切成一口大小。

2 將1放入缽盆中，以A拌勻沾裹，然後拌入麵粉。

3 將沙拉油倒入煎蛋捲鍋中達5mm的深度，把油燒熱之後放入2。偶爾翻面，半煎炸2～3分鐘。取出後放在鋪有廚房紙巾的長方形淺盤中放涼。

推薦的 配菜

▶ 四季豆拌芝麻（P.87）

▶ 高麗菜拌紅薑（P.89）

▶ 菠菜拌蠔油（P.92）

柚子胡椒
半煎炸
雞胸肉

也很適合當成
晚上的下酒菜♪

材料（1人份）

雞胸肉（去皮）…小½片（80g）

A［味噌…1小匙
　酒…1小匙］

麵粉…1大匙

沙拉油…適量

作法

1 雞肉斜切成一口大小。

2 將1放入缽盆中，以A拌勻沾裹，然後拌入麵粉。

3 將沙拉油倒入煎蛋捲鍋中達5mm的深度，把油燒熱之後放入2。偶爾翻面，半煎炸2～3分鐘。取出後放在鋪有廚房紙巾的長方形淺盤中放涼。

味噌唐揚半煎炸
雞胸肉

與唐揚雞塊
完全一樣的口感！

推薦的 配菜

▶ 小松菜拌海苔醬（P.90）

▶ 韓式涼拌綠豆芽（P.92）

▶ 綠蘆筍拌鹽昆布（P.94）

▶ 蟹肉棒煎蛋捲（P.108）

▶ 柚子胡椒半煎炸
雞胸肉（P.38）

菠菜拌蠔油（P.92）

▶ 小松菜
拌海苔醬（P.90）

▶ 醃梅奶油煎蛋捲（P.107）

▶ 味噌唐揚半煎炸
雞胸肉（P.38）

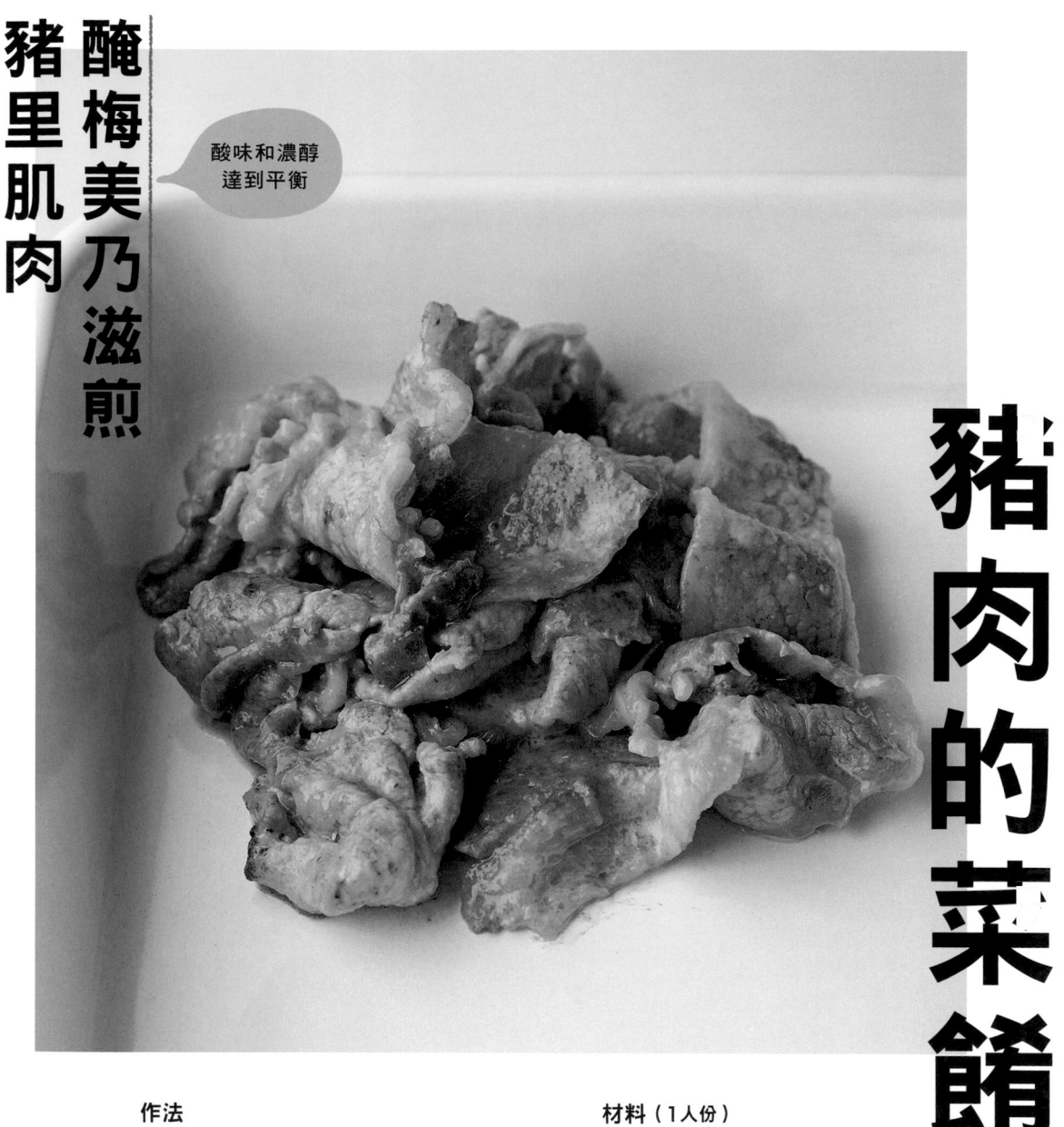

酸味和濃醇
達到平衡

豬里肌肉
醃梅美乃滋煎

豬肉的菜餚

作法

1 醃梅去籽之後撕碎。將材料全部放入缽盆中混拌均勻。

2 將煎蛋捲鍋燒熱後，把 **1** 攤平放入鍋中，兩面煎成漂亮的金黃色。取出後放在長方形淺盤中放涼。

材料（1人份）

豬里肌肉薄片…4片（80g）

日式醃梅…小1顆

美乃滋…1大匙

酒…1小匙

推薦的 配 菜

▶ 青花菜拌芝麻鹽（P.86）

▶ 小松菜拌魩仔魚（P.90）

▶ 綠蘆筍拌鹽昆布（P.94）

味噌的鮮味
令人欲罷不能

用事先調味的油
使肉質保持濕潤

味噌炒豬里肌肉

材料（1人份）

豬里肌肉薄片…4片（80g）

A ┌ 味噌…1小匙
　├ 酒…1小匙
　└ 生薑泥…½小匙

沙拉油…½小匙

作法

1 將豬肉放入缽盆中，以A拌勻沾裹。

2 在煎蛋捲鍋中加熱沙拉油，把1攤平放入鍋中，兩面煎成漂亮的金黃色。取出後放在長方形淺盤中放涼。

醬燒豬邊角肉

材料（1人份）

豬邊角肉…80g

A ┌ 醬油…2小匙
　├ 砂糖…2小匙
　├ 芝麻油…1小匙
　└ 蒜泥…少量

作法

1 將豬肉放入缽盆中，以A拌勻沾裹。

2 將1放入煎蛋捲鍋中開火加熱，以筷子撥散，炒2分鐘左右，炒到收乾醬汁。取出後放在長方形淺盤中放涼。

推薦的 配菜

▶ 青椒拌紅紫蘇（P.88）
▶ 綠蘆筍拌咖哩美乃滋（P.94）
▶ 秋葵拌魩仔魚（P.95）

推薦的 配菜

▶ 高麗菜拌辣油（P.89）
▶ 韓式涼拌綠豆芽（P.92）
▶ 韓式涼拌胡蘿蔔（P.93）

▶醃梅美乃滋煎
豬里肌肉（P.40）

▶滑菇煎蛋捲
（P.108）

▶綠蘆筍拌
鹽昆布（P.94）

▶韓式涼拌胡蘿蔔（P.93）

▶石蓴煎蛋捲（P.111）

▶ **醬燒豬邊角肉**（P.41）

▶ **味噌炒豬里肌肉**（P.41）

▶醃梅奶油煎蛋捲（P.107）

▶秋葵拌魩仔魚（P.95）

咖哩番茄醬炒豬邊角肉

做出
西餐廳的風味

材料（1人份）

豬邊角肉…80g

A ┌ 番茄醬…2大匙
　├ 咖哩粉…½小匙
　└ 鹽…2小撮（⅕小匙）

奶油…5g

作法

1 將豬肉放入缽盆中，以A拌勻沾裹。

2 將奶油放入煎蛋捲鍋中開火加熱，待
　奶油融化之後放入1，以筷子撥散，
　炒2分鐘左右，炒成漂亮的金黃色。
　取出後放在長方形淺盤中放涼。

推薦的 配菜

▶ 四季豆拌芥末籽醬（P.87）
▶ 小松菜拌醃梅柴魚片（P.90）
▶ 西洋芹拌鹽昆布（P.95）

蠔油炒豬邊角肉

加入一點醬油
讓味道更有深度

材料（1人份）

豬邊角肉…80g

A ┌ 蠔油…2小匙
　├ 醬油…½小匙
　└ 生薑泥…少量

沙拉油…½小匙

作法

1 將豬肉放入缽盆中，以A拌勻沾裹。

2 在煎蛋捲鍋中加熱沙拉油，然後放入
　1，以筷子撥散，炒2分鐘左右。取出
　後放在長方形淺盤中放涼。

推薦的 配菜

▶ 青花菜拌醃梅（P.86）
▶ 青椒拌紅紫蘇（P.88）
▶ 西洋芹拌筍乾（P.95）

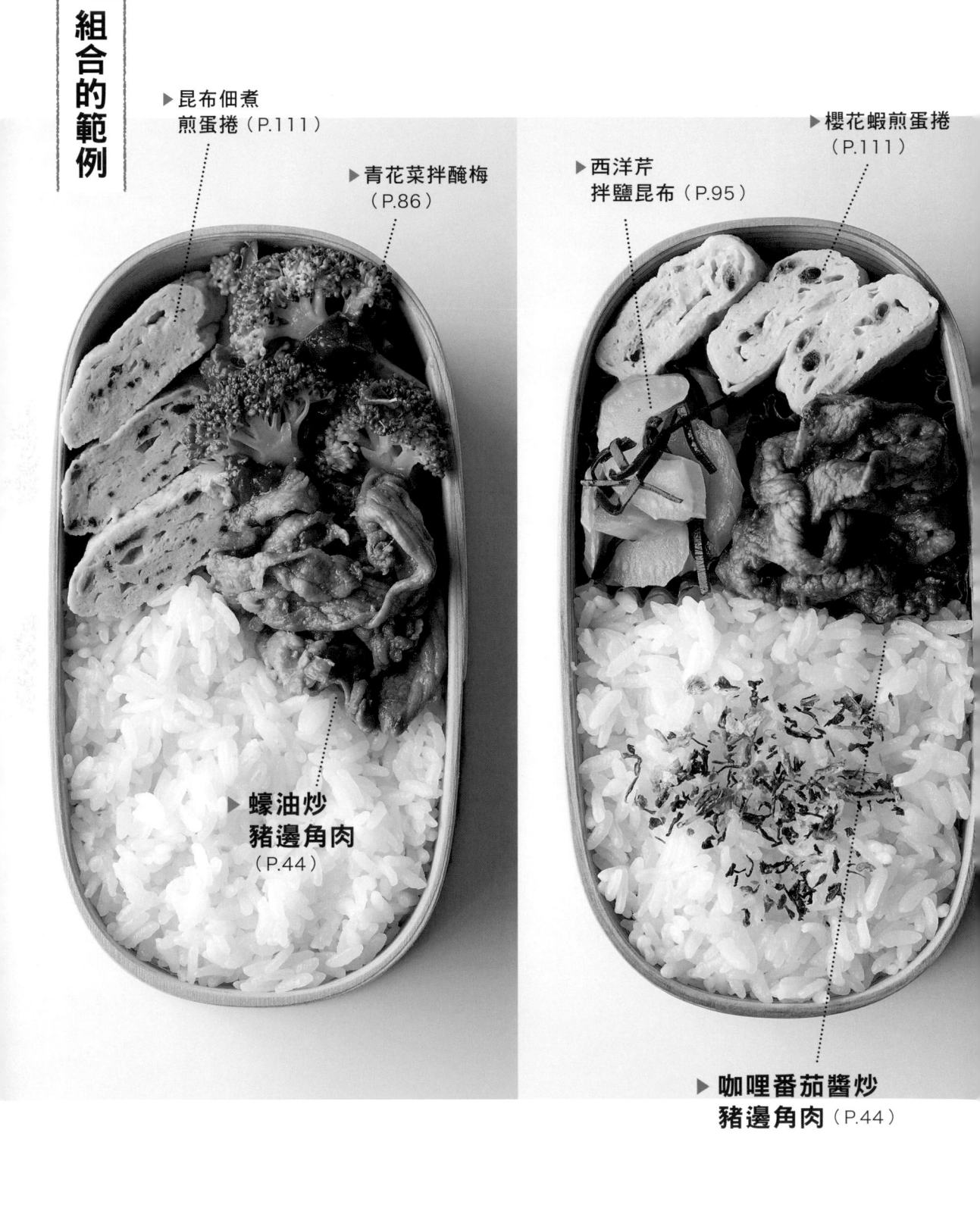

▶昆布佃煮
煎蛋捲（P.111）

▶青花菜拌醃梅
（P.86）

▶西洋芹
拌鹽昆布（P.95）

▶櫻花蝦煎蛋捲
（P.111）

▶蠔油炒
豬邊角肉
（P.44）

▶咖哩番茄醬炒
豬邊角肉（P.44）

柚子胡椒煮
豬邊角肉

辣味好
香氣更棒

材料（1人份）

豬邊角肉…80g

A
- 酒…1小匙
- 柚子胡椒…½小匙
- 醬油…½小匙

作法

1 將豬肉放入缽盆以A拌勻沾裹。

2 將1、水2大匙放入煎蛋捲鍋中開火
加熱。一邊攪拌一邊煮1～2分鐘直
到醬汁蒸發為止。取出後放在長方形
淺盤中放涼。

照燒
豬里肌肉

鋪在米飯上面
好想吃啊！

材料（1人份）

豬里肌肉薄片…4片（80g）

A
- 醬油…2小匙
- 味醂…2小匙
- 生薑泥…½小匙

作法

1 將豬肉放入缽盆以A拌勻沾裹。

2 將1、水1大匙放入煎蛋捲鍋中
開火加熱。偶爾攪拌一下，煮
1～2分鐘直到醬汁收乾為止。
取出後放在長方形淺盤中放涼。

推薦的 配菜

▶ 四季豆拌海苔（P.87）
▶ 甜椒拌橄欖油（P.88）
▶ 綠蘆筍拌鹽昆布（P.94）

推薦的 配菜

▶ 青花菜拌醃梅（P.86）
▶ 四季豆拌芝麻（P.87）
▶ 青椒拌芝麻美乃滋（P.88）

即使放涼了
還是很酥脆！

酥脆半煎炸
豬里肌肉

作法

1 將豬肉放入缽盆中，以A拌勻沾裹，再拌入麵粉。

2 將沙拉油倒入煎蛋捲鍋中達2mm的深度，把油燒熱之後放入1。偶爾翻面，半煎炸2～3分鐘，直到豬肉片變得酥脆。取出後放在鋪有廚房紙巾的長方形淺盤中放涼。

材料（1人份）

豬里肌肉薄片…4片（80g）

A[鹽…¼小匙
  胡椒…少量]

麵粉…1大匙

沙拉油…適量

推薦的 配菜

▶ 高麗菜拌紅薑（P.89）

▶ 黃豆芽拌紅紫蘇（P.92）

▶ 綠蘆筍拌芥末籽醬（P.94）

組合的範例

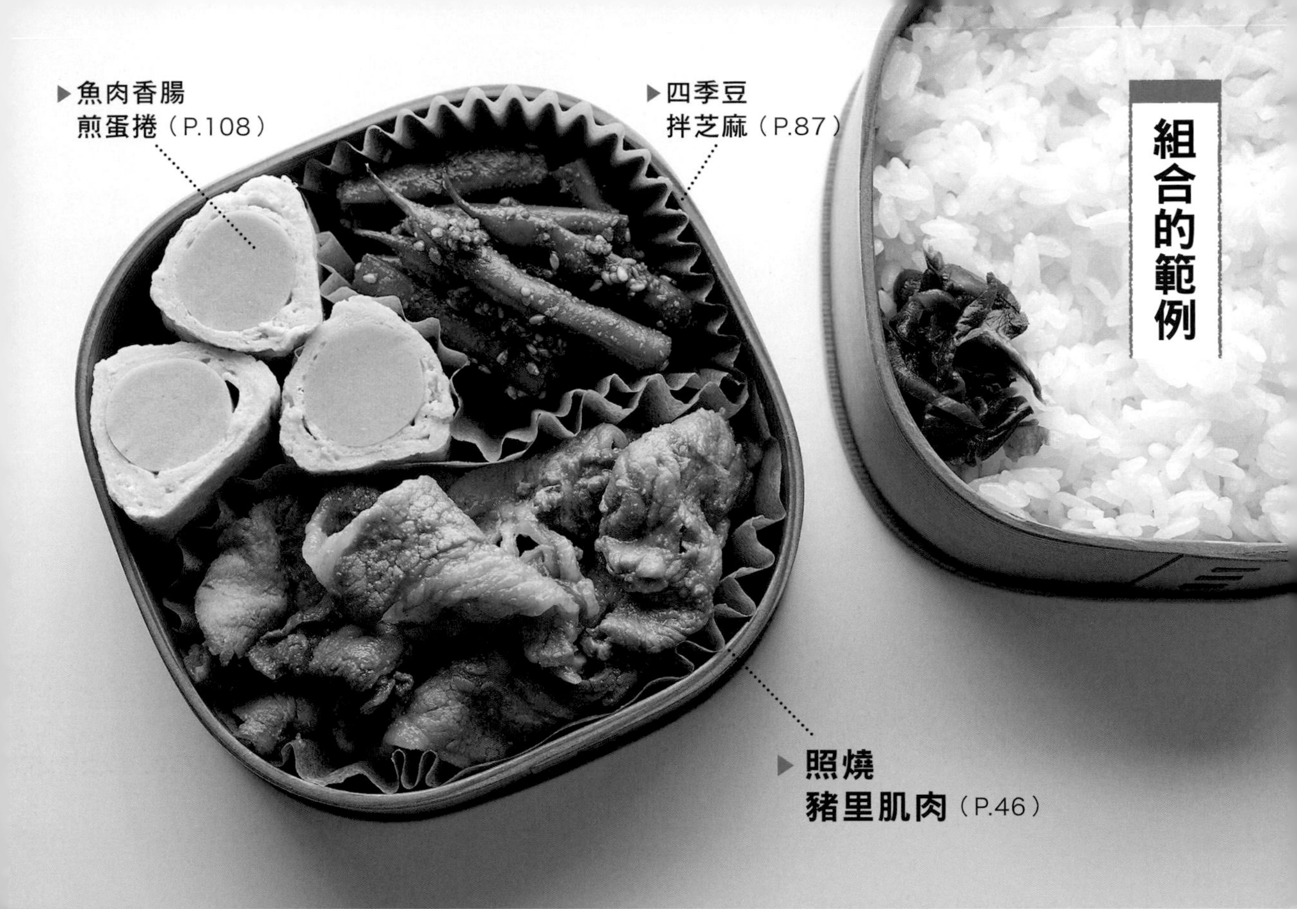

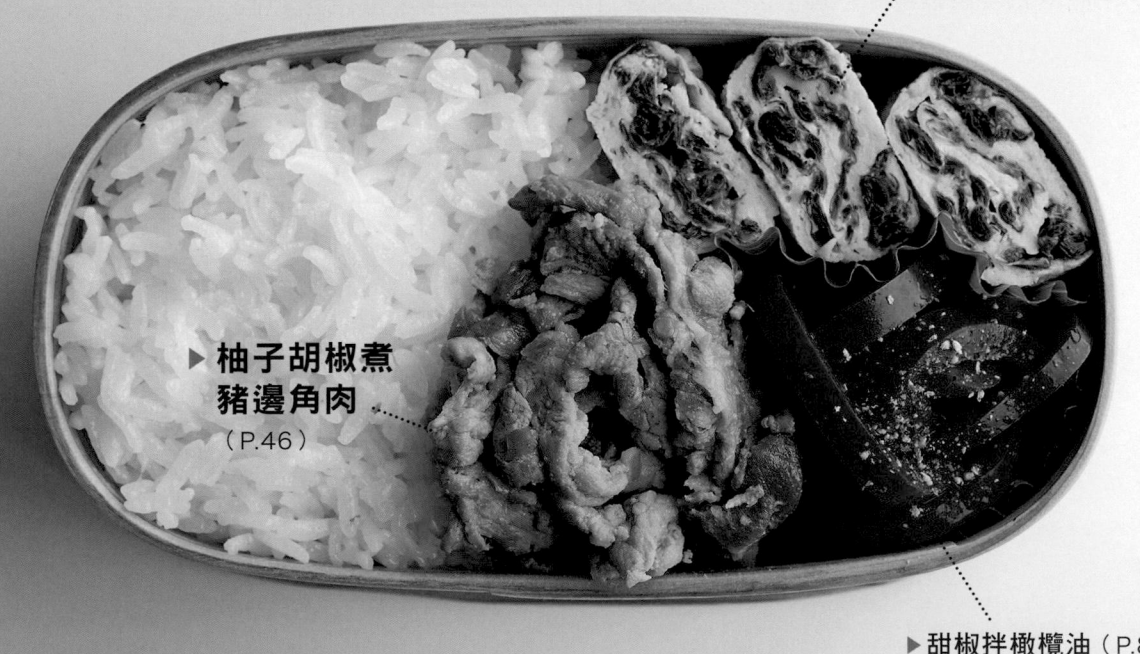

▶魚肉香腸煎蛋捲（P.108）
▶四季豆拌芝麻（P.87）
▶照燒豬里肌肉（P.46）

▶石蓴煎蛋捲（P.111）
▶柚子胡椒煮豬邊角肉（P.46）
▶甜椒拌橄欖油（P.88）

辣椒米醬炸
雞里肌肉
（P.47）

西園菜拌紅蘿蔔（P.89）

美乃滋鹹味
厚蛋燒（P.106）

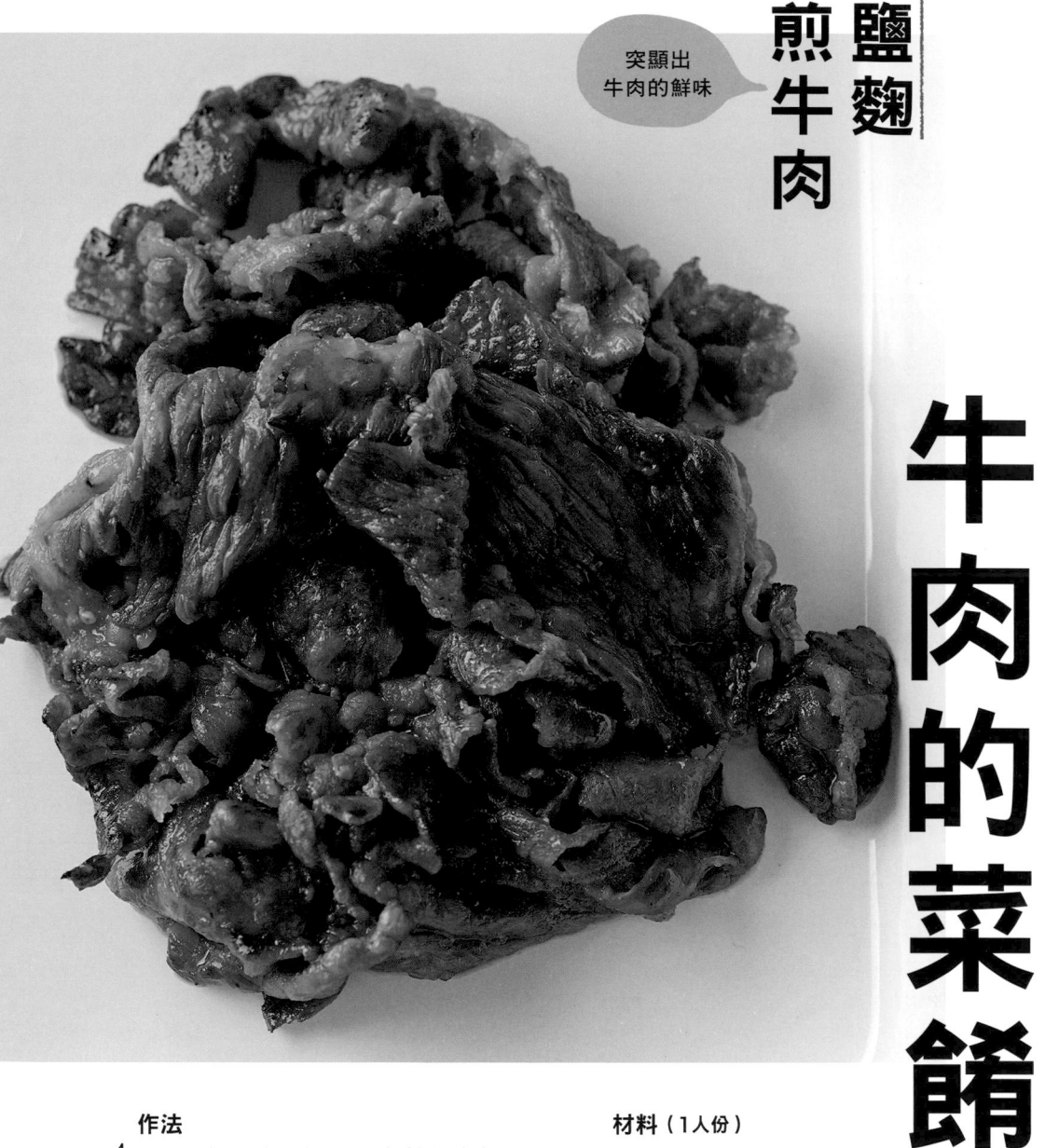

鹽麴
煎牛肉

突顯出
牛肉的鮮味

牛肉的菜餚

作法

1 將牛肉放入缽盆中，以鹽麴拌勻沾裹。

2 在煎蛋捲鍋中加熱沙拉油，把 **1** 攤平放入鍋中，兩面各煎 **1** 分鐘。取出後放在長方形淺盤中放涼。

材料（1人份）

牛邊角肉…80g

鹽麴…½大匙

沙拉油…½小匙

推薦的 配 菜

▶ 四季豆拌紅薑（P.87）

▶ 甜椒拌滑菇（P.88）

▶ 小松菜拌醃梅柴魚片（P.90）

與生薑的組合令人眼睛為之一亮！

韓式烤肉風烤牛肉

韓國經典的鹹甜滋味

材料（1人份）

牛邊角肉…80g

A
- 醬油…2小匙
- 味醂…1小匙
- 芝麻油…1小匙
- 蒜泥…少量

作法

1 將牛肉放入缽盆以A拌勻沾裹。

2 將1放入煎蛋捲鍋中，炒煮2～3分鐘。取出後放在長方形淺盤中放涼。

伍斯特醬炒牛肉

材料（1人份）

牛邊角肉…80g

A
- 伍斯特醬…1大匙
- 生薑泥…½小匙

沙拉油…½小匙

作法

1 將牛肉放入缽盆以A拌勻沾裹。

2 在煎蛋捲鍋中加熱沙拉油，把1攤平放入鍋中，炒1～2分鐘。取出後放在長方形淺盤中放涼。

推薦的 配菜

▶ 高麗菜拌辣油（P.89）

▶ 雞湯燙煮青江菜（P.91）

▶ 韓式涼拌胡蘿蔔（P.93）

推薦的 配菜

▶ 青椒拌芝麻美乃滋（P.88）

▶ 小松菜拌魩仔魚（P.90）

▶ 菠菜拌乳酪粉（P.92）

榨菜煎蛋捲
（P.109）

小松菜
拌醃梅柴魚片
（P.90）

▶ 鹽麴
煎牛肉
（P.50）

52

伍斯特醬
炒牛肉（P.51）

菠菜
拌乳酪粉
（P.92）

▶魚肉香腸
煎蛋捲（P.108）

▶韓式泡菜煎蛋捲（P.109）

韓式烤肉風
烤牛肉（P.51）

▶雞湯燙煮
青江菜（P.91）

牛肉味噌生薑煮

用生薑的香氣煮出清爽的味道

材料（1人份）
牛邊角肉…80g
A ┌ 味噌…1小匙
  │ 酒…1小匙
  └ 生薑泥…1小匙

作法
1 將牛肉放入缽盆以A拌勻沾裹。
2 將1、水2大匙放入煎蛋捲鍋中開火加熱。偶爾攪拌一下，煮2分鐘左右直到湯汁收乾。取出後放在長方形淺盤中放涼。

牛肉時雨煮

啊～黑漆漆的超下飯菜餚

材料（1人份）
牛邊角肉…80g
A ┌ 醬油…1大匙
  │ 蜂蜜…2小匙
  └ 生薑泥…1小匙

作法
1 將牛肉放入缽盆以A拌勻沾裹。
2 將1、水1大匙放入煎蛋捲鍋中開火加熱。偶爾攪拌一下，煮2～3分鐘直到醬汁收乾。取出後放在長方形淺盤中放涼。

推薦的 配菜
▶ 高麗菜拌柚子胡椒（P.89）
▶ 胡蘿蔔拌海苔（P.93）
▶ 秋葵拌海苔醬（P.95）

推薦的 配菜
▶ 青花菜拌醃梅（P.86）
▶ 四季豆拌海苔（P.87）
▶ 綠蘆筍拌芥末籽醬（P.94）

牛肉咖哩半煎炸

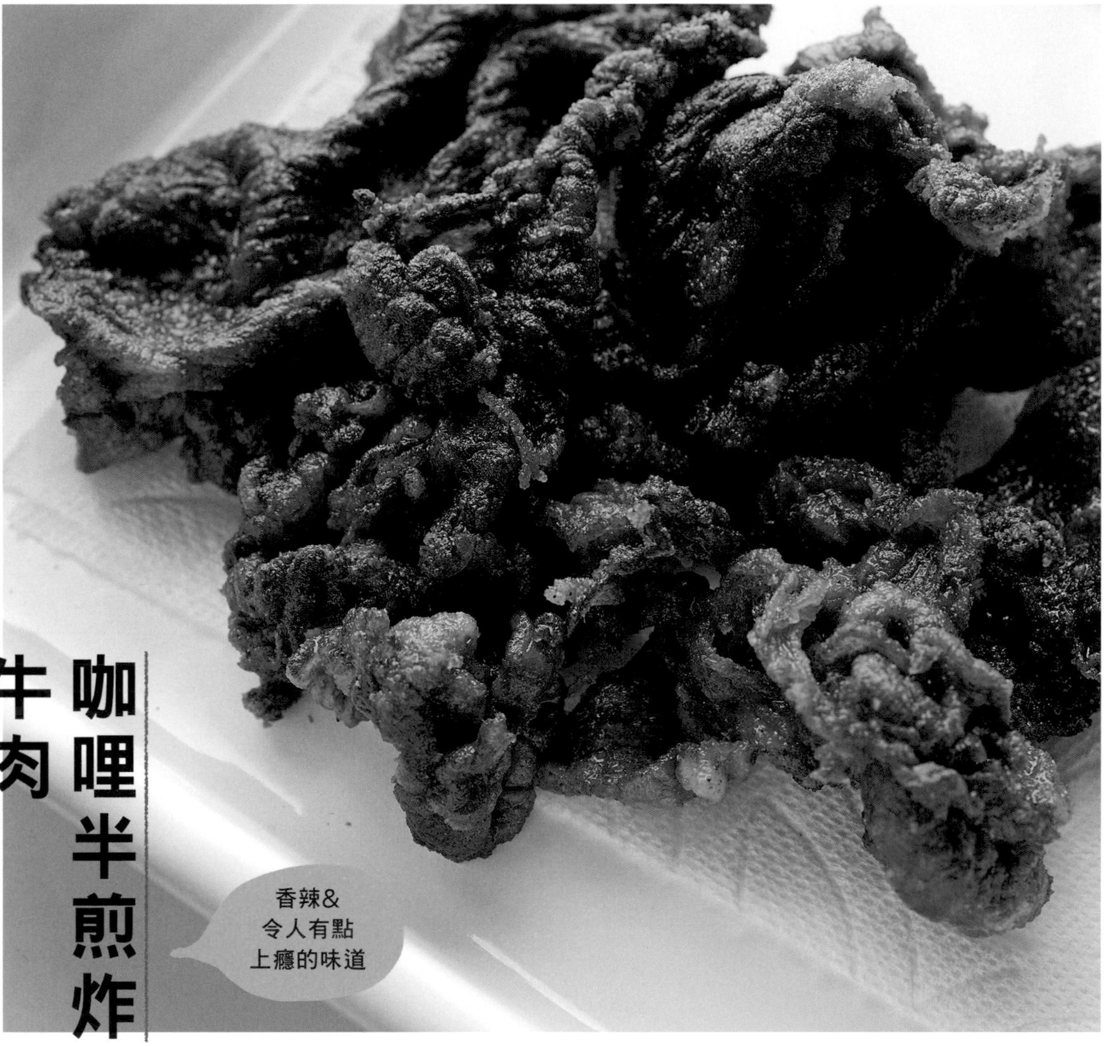

香辣&
令人有點
上癮的味道

作法

1 將牛肉放入缽盆中，以A拌勻沾裹，再拌入麵粉。

2 將沙拉油倒入煎蛋捲鍋中達2mm的深度，把油燒熱之後放入1。偶爾翻面，半煎炸2～3分鐘，直到牛肉變得酥脆。取出後放在鋪有廚房紙巾的長方形淺盤中放涼。

材料（1人份）

牛邊角肉…80g

A ┌ 咖哩粉…½小匙
  └ 鹽…2小撮（⅙小匙）

麵粉…1大匙

沙拉油…適量

推薦的  配 菜

▶ 四季豆拌紅薑（P.87）

▶ 菠菜拌乳酪粉（P.92）

▶ 綠蘆筍拌滑菇（P.94）

▶鮕仔魚煎蛋捲（P.110）

▶綠蘆筍
拌芥末籽醬（P.94）

▶ **牛肉時雨煮**（P.54）

▶胡蘿蔔拌海苔（P.93）

▶火腿煎蛋捲
（P.107）

▶ **味噌生薑煮
牛肉**（P.54）

56

▶綠蘆筍拌滑菇
（P.94）

筍乾煎蛋捲
（P.109）

**咖哩半煎炸
牛肉**（P.55）

鋪在米飯上
做成雞肉飯

絞肉的菜餚

番茄醬雞肉燥

作法

1 將雞絞肉和A放入缽盆中,混拌均勻。

2 將1放入煎蛋捲鍋中開火加熱,以筷子攪拌,炒2～3分鐘直到醬汁收乾為止。取出後放在長方形淺盤中放涼。

材料(1人份)

雞絞肉…80g

A
┌ 番茄醬…2大匙
│ 生薑泥…1小匙
└ 鹽…少量

推薦的 配 菜

▶ 四季豆拌芥末籽醬(P.87)

▶ 甜椒拌橄欖油(P.88)

▶ 青江菜拌咖哩醬油(P.91)

番茄醬雞肉鬆（P.58）

醬炒牛蒡絲（P.87）
四季豆

乳酪粉
煎蛋捲（P.106）

絞肉便當

乾咖哩豬肉鬆

利用鹽麴補足鮮味

材料（1人份）

豬絞肉…80g

A [鹽麴…½大匙
咖哩粉…½小匙]

作法

1 將豬絞肉和A放入缽盆中，混拌均勻。

2 將1放入煎蛋捲鍋中開火加熱，以筷子攪拌，炒2～3分鐘直到醬汁收乾為止。取出後放在長方形淺盤中放涼。

推薦的 配菜

▶ 青花菜拌乳酪粉（P.86）

▶ 四季豆拌芥末籽醬（P.87）

▶ 西洋芹拌鹽昆布（P.95）

材料（1人份）

豬絞肉…80g

A [味噌…1小匙
生薑泥…1小匙]

芝麻油…½小匙

煎出深濃的焦色香氣四溢

味噌煎豬絞肉

作法

1 將豬絞肉和A放入缽盆中，混拌均勻。

2 將芝麻油放入煎蛋捲鍋中燒熱，然後放入1，用鍋鏟按壓成7～8mm厚，煎2分鐘左右。煎成漂亮的金黃色之後翻面，再煎2分鐘，切成容易入口的大小。取出後放在長方形淺盤中放涼。

推薦的 配菜

▶ 青花菜拌美乃滋七味粉（P.86）

▶ 青椒拌芝麻美乃滋（P.88）

▶ 高麗菜拌紅薑（P.89）

組合的範例

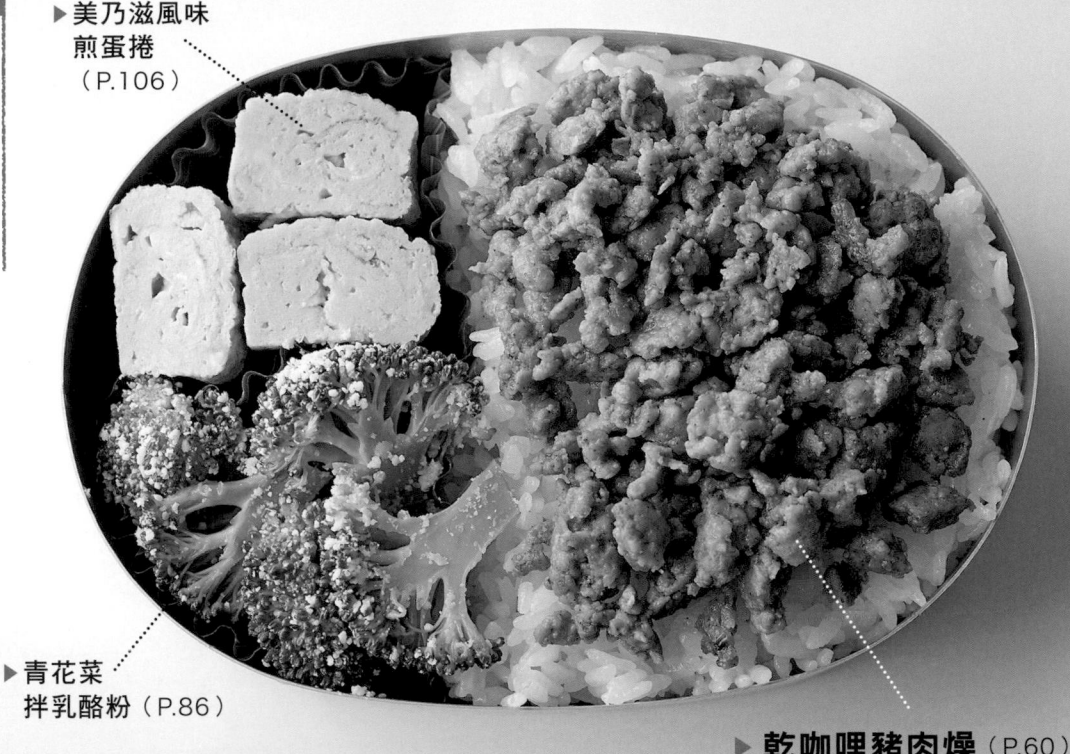

▶美乃滋風味煎蛋捲（P.106）

▶青花菜拌乳酪粉（P.86）

▶**乾咖哩豬肉燥**（P.60）

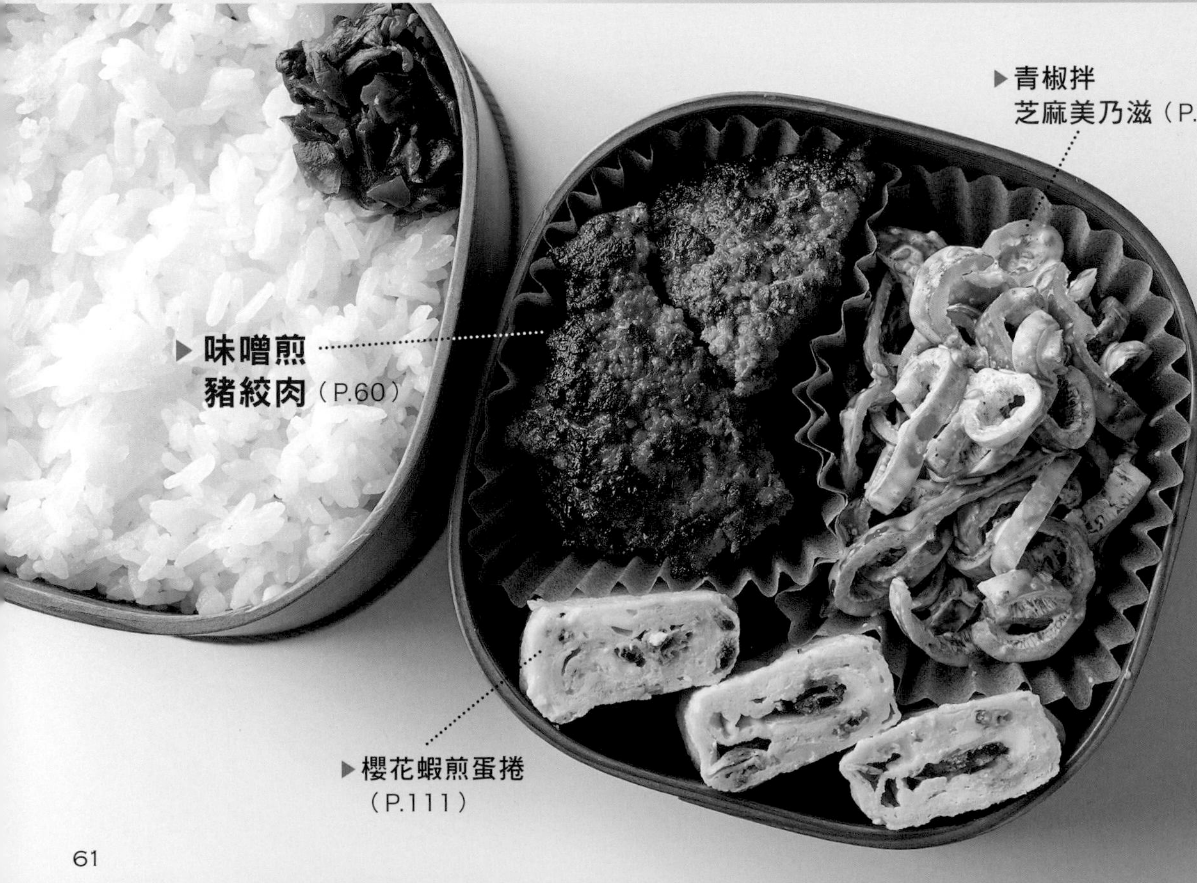

▶青椒拌芝麻美乃滋（P.88）

▶**味噌煎豬絞肉**（P.60）

▶櫻花蝦煎蛋捲（P.111）

綜合絞肉
肉丸甘辛煮

材料（1人份）
綜合絞肉…80g
生薑泥…1小匙
A ┌ 醬油…2小匙
　└ 味醂…2小匙

作法
1 將綜合絞肉和生薑泥放入缽盆中混拌均勻，分成4～5等分之後整圓。
2 將A、水4大匙放入煎蛋捲鍋中開火加熱，煮滾之後加入1，偶爾翻面，煮3～4分鐘直到醬汁收乾為止。繼續煮到醬汁蒸發出現光澤。取出後放在長方形淺盤中放涼。

很下飯的鐵板燒風味

推薦的 配菜
▶ 青花菜拌芝麻鹽（P.86）
▶ 高麗菜拌辣油（P.89）
▶ 小松菜拌醃梅柴魚片（P.90）

綜合絞肉
醬燒風肉排

材料（1人份）
綜合絞肉…80g
A ┌ 醬油…2小匙
　│ 砂糖…2小匙
　│ 蒜泥…少量
　└ 胡椒…少量
芝麻油…1小匙

作法
1 將綜合絞肉和A放入缽盆中混拌。
2 將芝麻油放入煎蛋捲鍋中燒熱，然後放入1，以鍋鏟調整成圓形，按壓成7～8mm厚，煎2分鐘左右。煎成漂亮的金黃色之後翻面，再煎2分鐘。取出後放在長方形淺盤中放涼。

因為呈扁平狀所以很快就煎熟

推薦的 配菜
▶ 四季豆拌芝麻（P.87）
▶ 小松菜拌辣油（P.90）
▶ 韓式涼拌綠豆芽（P.92）

▶小松菜
拌辣油（P.90）

▶韓式泡菜
煎蛋捲（P.109）

▶蟹肉棒煎蛋捲
（P.108）

▶**醬燒風
綜合絞肉排**（P.62）

▶高麗菜
拌辣油（P.89）

▶**綜合絞肉肉丸
甘辛煮**（P.62）

鮭魚 | 美乃滋煎

美乃滋減少了
魚腥味！

海鮮的菜餚

作法

1 鮭魚去除魚皮之後，切成 2～3 等分。

2 將鮭魚放入缽盆中，以 A 拌匀沾裹。

3 將美乃滋放入煎蛋捲鍋中開火加熱，大約融化一半之後，擦乾 2 的水分放入鍋中，兩面各煎 3～4 分鐘。取出後放在長方形淺盤中放涼。

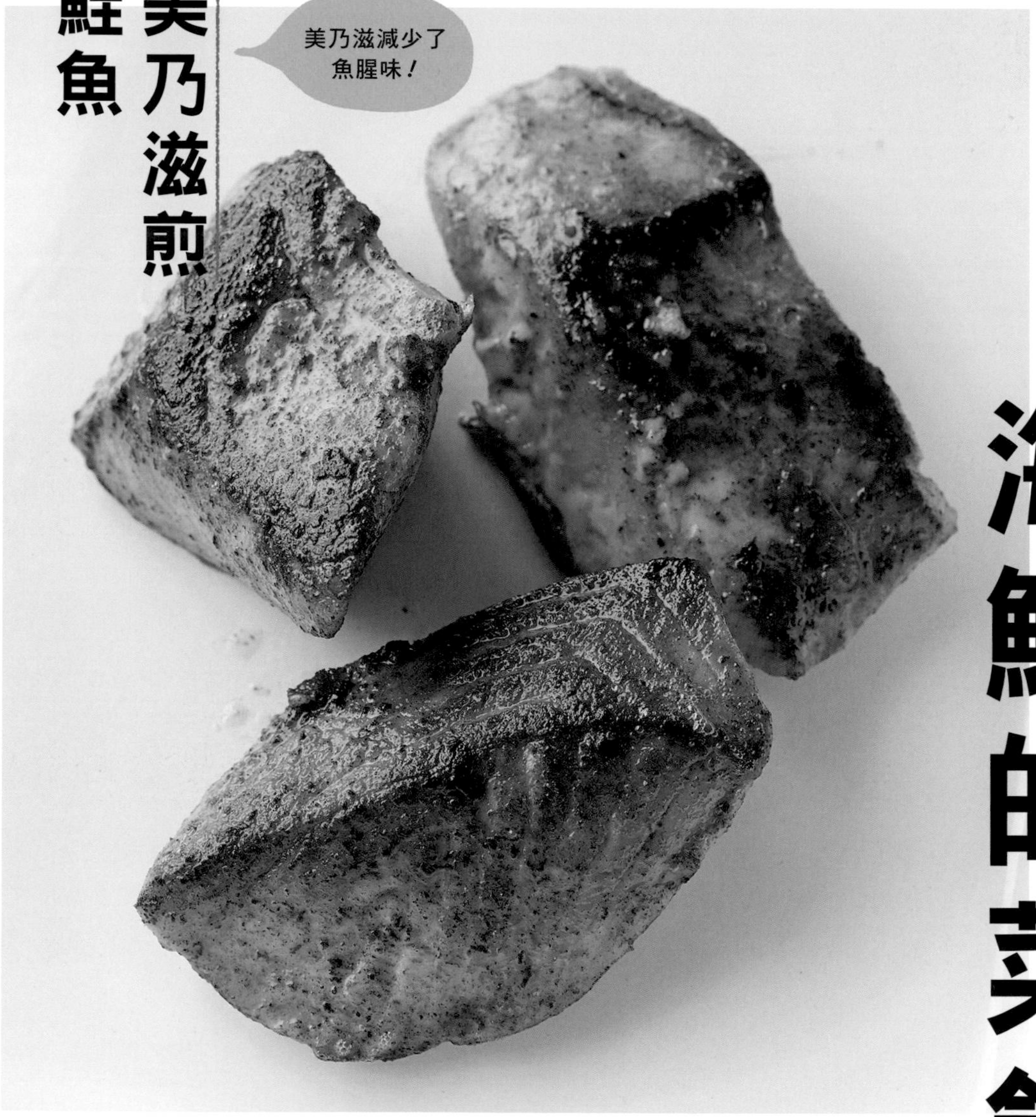

材料（1人份）

生鮭魚…1片

A ┌ 鹽…⅓小匙
  └ 胡椒…少量

美乃滋…½大匙

推薦的 配 菜

▶ 小松菜拌辣油（P.90）

▶ 青江菜拌蠔油（P.91）

▶ 黃豆芽拌紅紫蘇（P.92）

味道和香氣
都滲入鱈魚肉中

閃閃發亮的醬汁
看起來也很美味

鹽咖哩煮 鱈魚

材料（1人份）

鱈魚…1片

A ┌ 酒（或白酒）…2小匙
　├ 咖哩粉…½小匙
　└ 鹽…¼小匙

作法

1 鱈魚切成3～4等分。

2 將鱈魚放入缽盆中，以A拌勻沾裹。

3 將2、水3大匙放入煎蛋捲鍋中開火加熱，
　煮4～5分鐘。取出後放在長方形淺盤中放
　涼。

照燒 鰤魚

材料（1人份）

鰤魚…1片

A ┌ 醬油…2小匙
　├ 酒…2小匙
　└ 砂糖…2小匙

沙拉油…½小匙

作法

1 鰤魚切成2～3等分。

2 將鰤魚放入缽盆中，以A拌勻沾裹。

3 在煎蛋捲鍋中加熱沙拉油，擦乾2的醬汁放
　入鍋中，兩面各煎3分鐘。然後加入殘留在
　缽盆中的A，加熱至醬汁蒸發呈現出光澤。
　取出後放在長方形淺盤中放涼。

推薦的 配菜

▶ 青花菜拌乳酪粉（P.86）
▶ 甜椒拌橄欖油（P.88）
▶ 西洋芹拌筍乾（P.95）

推薦的 配菜

▶ 青花菜拌美乃滋七味粉（P.86）
▶ 綠蘆筍拌鹽昆布（P.94）
▶ 秋葵拌魩仔魚（P.95）

▶ 筍乾煎蛋捲（P.109）

青江菜拌蠔油
（P.91）

美乃滋煎鮭魚
（P.64）

66

▶滑菇煎蛋捲（P.108）

▶ **照燒鰤魚**（P.65）

▶青花菜拌美乃滋七味粉（P.86）

▶乳酪粉
煎蛋捲（P.106）

▶西洋芹
拌筍乾（P.95）

▶ **鹽咖哩煮
鱈魚**（P.65）

柚子胡椒炒烏賊

Q彈又好吃！

材料（1人份）
冷凍烏賊（已經切片）…80g

A［酒…1小匙
　柚子胡椒…½小匙］

美乃滋…½大匙

作法
1. 將解凍好的烏賊放入缽盆中，以A拌勻沾裹。
2. 在煎蛋捲鍋中加熱美乃滋，大約融化一半之後放入1，炒2分鐘左右。取出後放在長方形淺盤中放涼。

推薦的 配菜

▶ 胡蘿蔔拌味噌（P.93）
▶ 綠蘆筍拌滑菇（P.94）
▶ 秋葵拌海苔醬（P.95）

鹽麴半煎炸旗魚

吃起來像肉一般的口感

材料（1人份）
旗魚…1片

A［鹽麴…½大匙
　胡椒…少量］

麵粉…1大匙

沙拉油…適量

作法
1. 旗魚切成一口大小。
2. 將旗魚放入缽盆中，以A拌勻沾裹，再拌入麵粉。
3. 將沙拉油倒入煎蛋捲鍋中達2mm的深度，把油燒熱之後放入2，兩面各自半煎炸1分30秒。取出後放在鋪有廚房紙巾的長方形淺盤中放涼。

推薦的 配菜

▶ 小松菜拌海苔醬（P.90）
▶ 甜椒拌滑菇（P.88）
▶ 高麗菜拌伍斯特醬柴魚片（P.89）

組合的範例

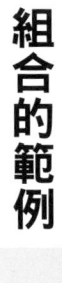

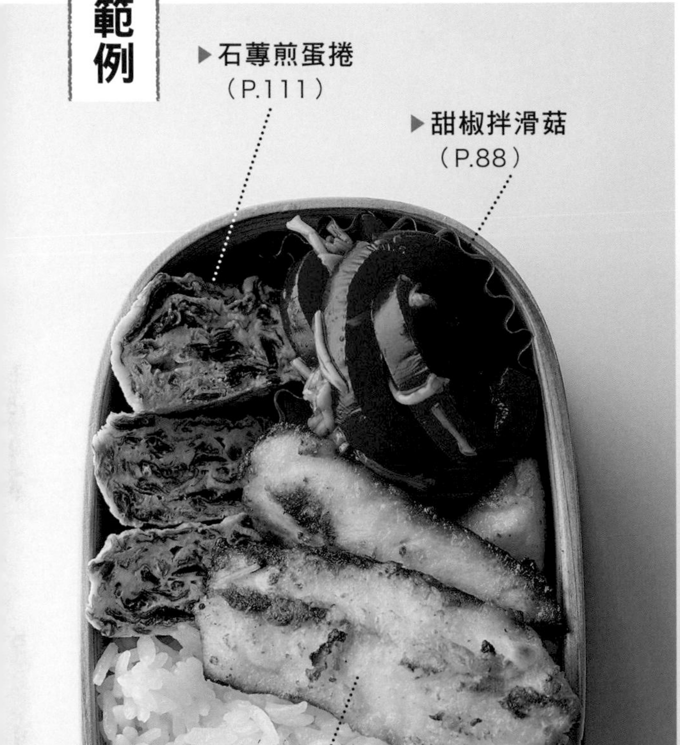
▶石蓴煎蛋捲
（P.111）
▶甜椒拌滑菇
（P.88）
▶鹽麴半煎炸
旗魚（P.68）

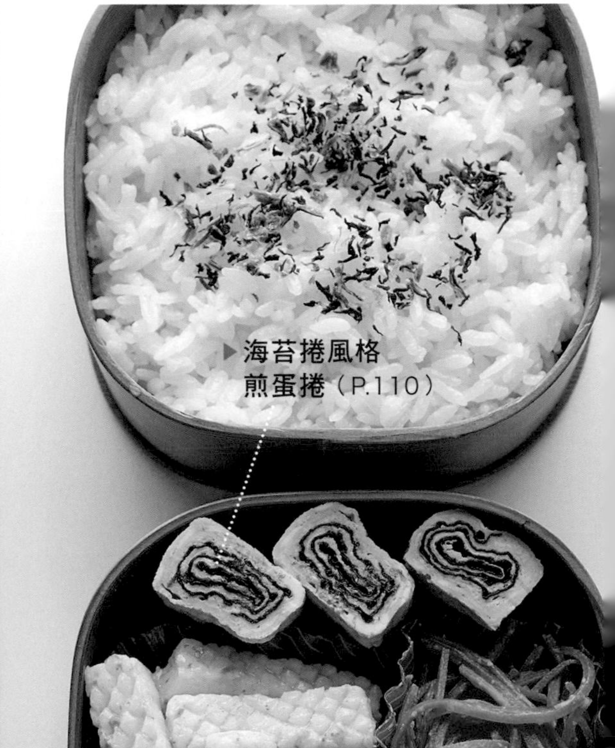
▶海苔捲風格
煎蛋捲（P.110）
▶胡蘿蔔拌味噌
（P.93）
▶柚子胡椒
炒烏賊（P.68）

豆瓣醬的辣味
慢慢浮現～

辣醬炒蝦仁

作法

1 蝦仁如果有泥腸的話要挑除。
2 將蝦仁放入缽盆中，以A拌勻沾裹。
3 在煎蛋捲鍋中加熱沙拉油，然後放入2炒2
分鐘左右。取出後放在長方形淺盤中放涼。

材料（1人份）

蝦仁…80g

A ┌ 番茄醬…2大匙
  │ 生薑泥…1小匙
  └ 豆瓣醬…½小匙

沙拉油…1小匙

推薦的 配菜

▶ 青江菜拌筍乾（P.91）
▶ 菠菜拌蠔油（P.92）
▶ 秋葵拌海苔醬（P.95）

蒲燒秋刀魚 咖哩炒

咖哩粉可消除罐頭的異味

作法

1 在煎蛋捲鍋中加熱沙拉油,炒咖哩粉。

2 散發出香氣之後放入蒲燒秋刀魚,一邊炒一邊沾裹咖哩粉。取出後放在長方形淺盤中放涼。

材料(1人份)

蒲燒秋刀魚罐頭
　…1罐(全量100g)
沙拉油…½小匙
咖哩粉…1小匙

推薦的 配菜

▶ 胡蘿蔔拌味噌(P.93)

▶ 四季豆拌紅薑(P.87)

▶ 秋葵拌魩仔魚(P.95)

勾起食欲的
美乃滋風味

美乃滋炒蒲燒秋刀魚

作法

1 將美乃滋放入煎蛋捲鍋中加熱，大約融化一半之後放入蒲燒秋刀魚，炒10～20秒。取出後放在長方形淺盤中放涼。

材料（1人份）

蒲燒秋刀魚罐頭…1罐（全量100g）
美乃滋…½大匙

推薦的 配 菜

▶ 四季豆拌海苔（P.87）
▶ 胡蘿蔔拌海苔（P.93）
▶ 高麗菜拌柚子胡椒（P.89）

鋁盒便當

▶咖哩炒蒲燒秋刀魚
（P.72）

◀四季豆
拌和蛋（P.87）

◀火腿
厚蛋燒（P.107）

▶ 美乃滋紫蘇
味噌秋刀魚 （P.73）

▶ 洋蔥炒蛋捲
（P.108）

▶ 海鹽芥末
拌梅子胡瓜 （P.89）

番茄煮
紅燒沙丁魚

生薑七味煮
紅燒沙丁魚

把罐頭魚肉變得
美味的祕訣

日西合璧的
新奇滋味！

材料（1人份）
紅燒沙丁魚罐頭
　…1罐（全量100g）
A［生薑泥…1小匙
　七味辣椒粉…少量

作法
1 將紅燒沙丁魚、A放入煎蛋捲鍋
　中加熱，煮滾之後沾裹在沙丁魚
　上面。取出後放在長方形淺盤中
　放涼。

材料（1人份）
紅燒沙丁魚罐頭
　…1罐（全量100g）
A［番茄醬…1大匙
　蒜泥…少量

作法
1 將紅燒沙丁魚、A放入煎蛋捲鍋
　中加熱，煮滾之後沾裹在沙丁魚
　上面。取出後放在長方形淺盤中
　放涼。

推薦的 配菜

▶ 青花菜拌芝麻鹽（P.86）
▶ 胡蘿蔔拌柴魚片（P.93）
▶ 綠蘆筍拌芥末籽醬（P.94）

推薦的 配菜

▶ 高麗菜拌辣油（P.89）
▶ 小松菜拌海苔醬（P.90）
▶ 青江菜拌咖哩醬油（P.91）

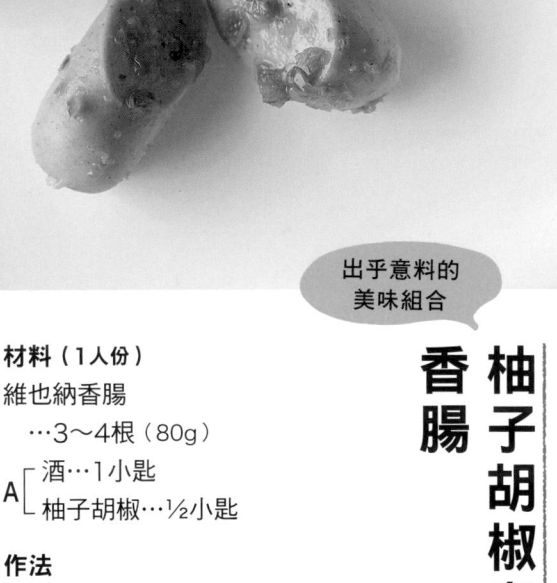

香腸 柚子胡椒煮

出乎意料的
美味組合

材料（1人份）

維也納香腸
　…3～4根（80g）
A[酒…1小匙
　柚子胡椒…½小匙]

作法

1 將維也納香腸切成容易入口的
長度。

2 將香腸、A、水1大匙放入煎蛋
捲鍋中開火加熱，煮到收乾為
止。取出後放在長方形淺盤中
放涼。

香腸 伍斯特醬炒

酸甜滋味
吃了就上癮

材料（1人份）

維也納香腸
　…3～4根（80g）
沙拉油…½小匙
伍斯特醬…2小匙

作法

1 將維也納香腸切成容易入口的
長度。

2 在煎蛋捲鍋中加熱沙拉油，迅速
炒一下香腸。加入伍斯特醬，炒
到醬汁收乾為止。取出後放在長
方形淺盤中放涼。

推薦的 配菜

▶ 雞湯燙煮青江菜（P.91）
▶ 菠菜拌乳酪粉（P.92）
▶ 韓式涼拌綠豆芽（P.92）

推薦的 配菜

▶ 四季豆拌芝麻（P.87）
▶ 小松菜拌辣油（P.90）
▶ 綠蘆筍拌咖哩美乃滋（P.94）

▶ 乳酪粉煎蛋捲（P.106）

青江菜
拌咖哩醬油（P.91）

▶ **番茄煮紅燒沙丁魚**（P.76）

▶ **生薑七味煮**
紅燒沙丁魚（P.76）

▶海苔捲風格
煎蛋捲（P.110）

▶ 胡蘿蔔拌柴魚片
（P.93）

▶ 魚肉香腸
　煎蛋捲（P.108）

▶ 綠蘆筍拌
　咖哩美乃滋（P.94）

▶ **伍斯特醬炒
　香腸**（P.77）

▶ 明太子煎蛋捲（P.110）

▶ 韓式涼拌綠豆芽
　（P.92）

▶ **柚子胡椒煮香腸**（P.77）

午餐肉 甘辛燒

漂亮的金黃色也很下飯～

材料（1人份）

午餐肉…80g

A ─ 醬油…1小匙
　　味醂…1小匙
　　生薑泥…1小匙

作法

1 午餐肉切成1cm厚的一口大小。
2 加熱煎蛋捲鍋，放入午餐肉煎成漂亮的金黃色。將A混合之後加入鍋中，炒到醬汁收乾為止。取出後放在長方形淺盤中放涼。

推薦的  配 菜

▶ 四季豆拌芥末籽醬（P.87）
▶ 胡蘿蔔拌柴魚片（P.93）
▶ 綠蘆筍拌咖哩美乃滋（P.94）

味噌炒 午餐肉

切成小方塊增加分量感

材料（1人份）

午餐肉…80g

A ─ 味噌…1小匙
　　酒…1小匙
芝麻油…½小匙

作法

1 午餐肉切成2cm的小塊。
2 將芝麻油放入煎蛋捲鍋中燒熱，然後放入午餐肉煎成漂亮的金黃色。將A混合之後加入鍋中，一邊沾裹一邊炒。取出後放在長方形淺盤中放涼。

推薦的 配 菜

▶ 青花菜拌醃梅（P.86）
▶ 黃豆芽拌紅紫蘇（P.92）
▶ 秋葵拌魩仔魚（P.95）

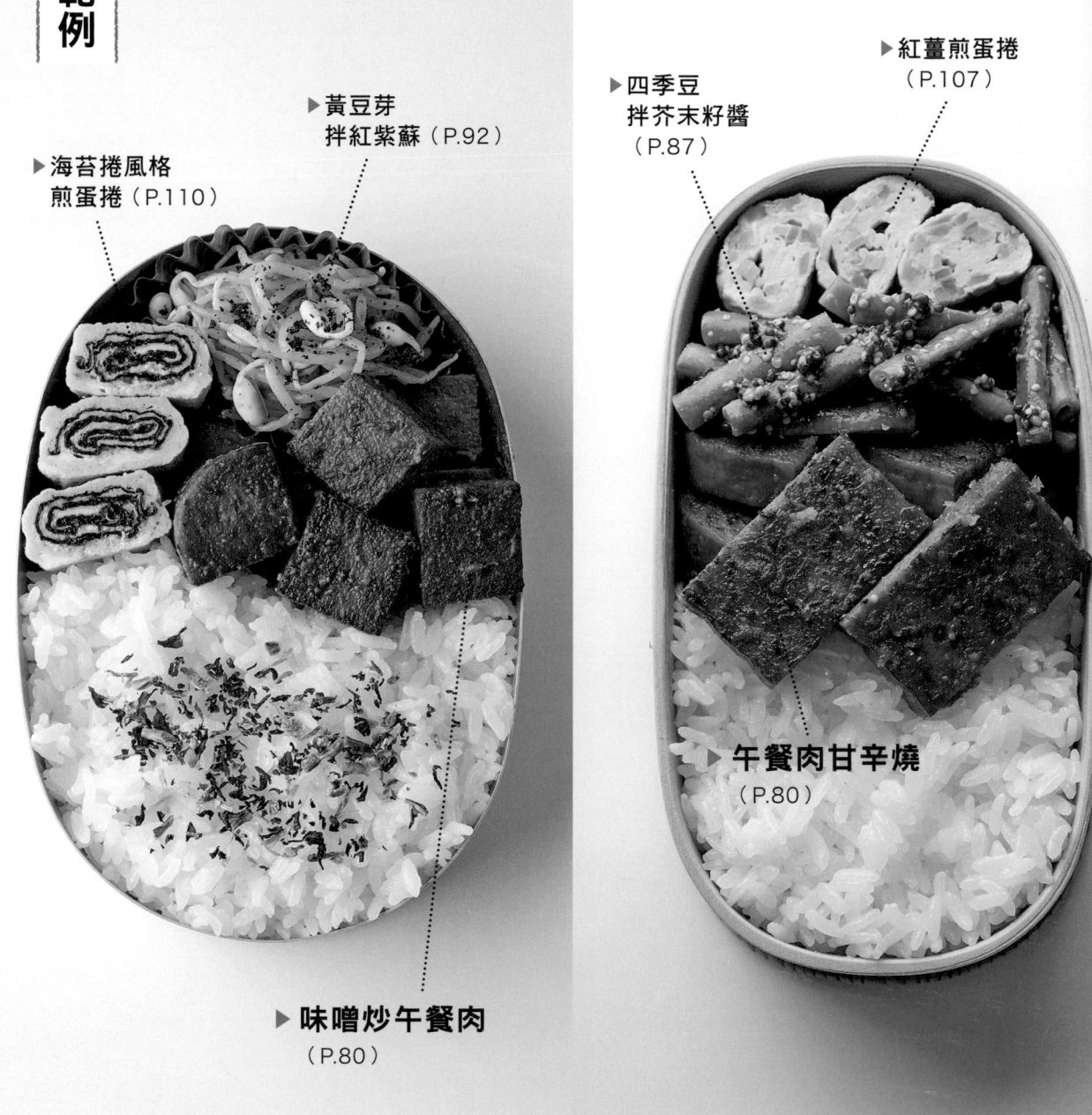

▶黃豆芽
拌紅紫蘇（P.92）

▶四季豆
拌芥末籽醬
（P.87）

▶紅薑煎蛋捲
（P.107）

▶海苔捲風格
煎蛋捲（P.110）

午餐肉甘辛燒
（P.80）

▶**味噌炒午餐肉**
（P.80）

PART 3

用煎蛋捲鍋製作的第 1 道菜。
蔬菜
菜餚篇

這裡！

大略看一下這個章節的食譜後，您注意到了嗎？

這些全部都是燙煮蔬菜製作而成的「涼拌菜」。

如果便當的配菜能乾脆地選定 1 道涼拌菜，

就不會為了要做什麼菜而煩惱了。

另外還有一件事，您注意到了嗎？

為了讓每次的燙煮時間都一樣，每種蔬菜的切法都是固定的。

只要決定好「這種蔬菜要用這個切法」，

就不會站在砧板前傷腦筋了。

調味料使用的是廚房現有的東西。

醃梅、海苔、筍乾、紅薑等，

如果能巧妙地利用這些提味的食材，

即使每天吃涼拌菜也不會吃膩。

一目瞭然！
1人份蔬菜的分量・切法・燙煮時間

高麗菜

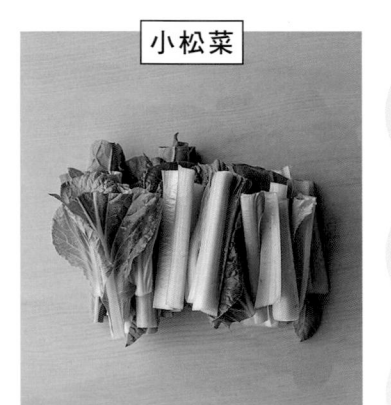

分量
2片（100g）

切法
切成較小的
一口大小

燙煮時間
1分鐘

青花菜

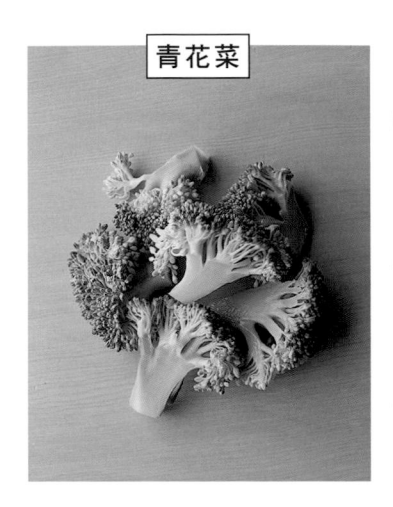

分量
⅙棵（60g）

切法
分成小朵

燙煮時間
1分30秒

小松菜

分量
2棵（60g）

切法
3～4cm長
（根部太寬的話
縱切成一半）

燙煮時間
1分鐘

四季豆

分量
5根

切法
長度切成
3～4等分

燙煮時間
2分鐘

青江菜

分量
½棵（60g）

切法
3～4cm長
（根部縱切成一半）

燙煮時間
1分鐘

青椒・甜椒

分量
2棵（青椒）
½棵（甜椒）

切法
縱切一半再
橫切5mm寬（青椒）
橫切5mm寬（甜椒）

燙煮時間
30秒

共通的燙煮法

在煎蛋捲鍋內倒入1杯水煮滾，然後放入蔬菜燙煮。

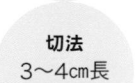

綠蘆筍

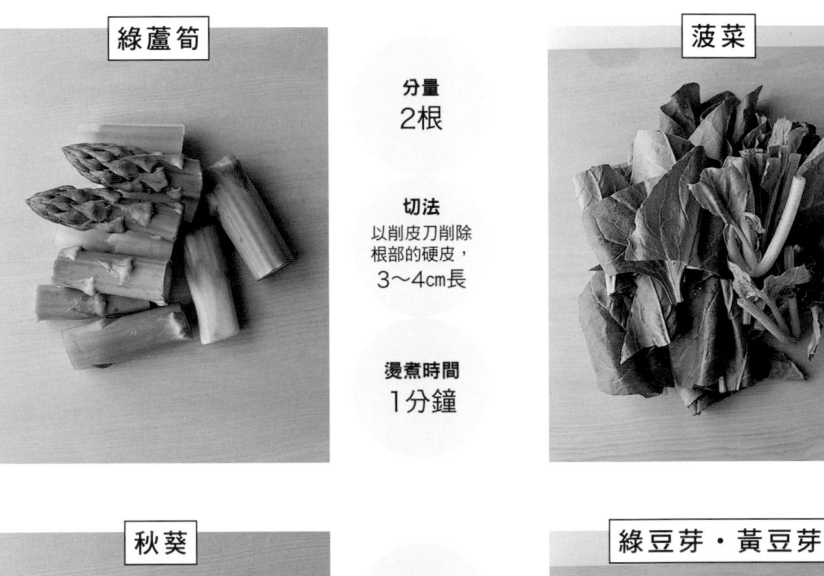

分量
2根

切法
以削皮刀削除
根部的硬皮，
3～4cm長

燙煮時間
1分鐘

菠菜

分量
4棵（60g）

切法
4cm長

燙煮時間
1分鐘

秋葵

分量
3根

切法
燙煮之後
切除蒂頭，
斜切成2～3等分

燙煮時間
1分鐘

綠豆芽・黃豆芽

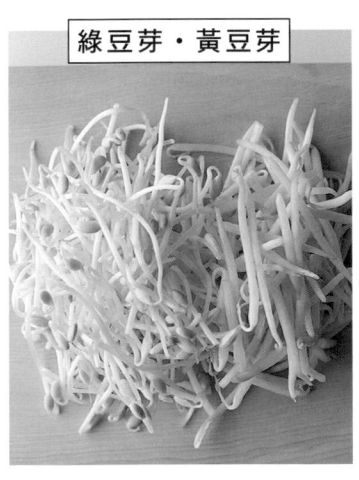
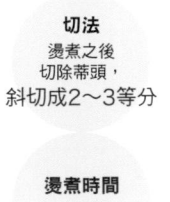

分量
100g

燙煮時間
1分鐘（綠豆芽）
4～5分鐘
（黃豆芽）

西洋芹

分量
½根（50g）

切法
斜切成
薄片

燙煮時間
30秒

胡蘿蔔

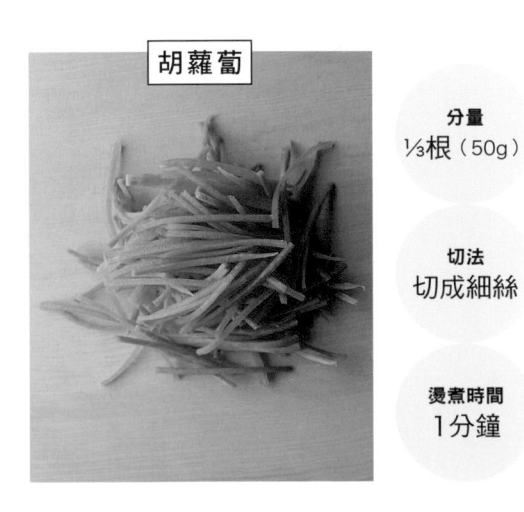

分量
⅓根（50g）

切法
切成細絲

燙煮時間
1分鐘

材料（1人份）
青花菜…⅙棵（60g）
鹽…1小匙
乳酪粉…½大匙

作法
1 將水1杯、鹽放入煎蛋捲鍋中煮滾。
2 青花菜分成小朵。
3 將青花菜放入1之中，偶爾用筷子翻面，燙煮1分
　30秒。瀝乾水分後以乳酪粉拌勻。

材料（1人份）
青花菜…⅙棵（60g）
鹽…1小匙
白芝麻粉…1小匙

作法
1 將水1杯、鹽放入煎蛋捲鍋中煮滾。
2 青花菜分成小朵。
3 將青花菜放入1之中，偶爾用筷子翻面，燙煮1分
　30秒。瀝乾水分後撒上白芝麻粉。

拌乳酪粉

拌芝麻鹽

拌美乃滋七味粉

拌醃梅

青花菜

材料（1人份）
青花菜…⅙棵（60g）　　美乃滋…½大匙
鹽…1小匙　　　　　　七味辣椒粉…少量

作法
1 將水1杯、鹽放入煎蛋捲鍋中煮滾。
2 青花菜分成小朵。
3 將青花菜放入1之中，偶爾用筷子翻面，燙煮1分
　30秒。瀝乾水分後以美乃滋、七味辣椒粉拌勻。

材料（1人份）
青花菜…⅙棵（60g）
日式醃梅…小1顆

作法
1 將水1杯放入煎蛋捲鍋中煮滾。
2 青花菜分成小朵。日式醃梅去籽之後撕碎。
3 將青花菜放入1之中，偶爾用筷子翻面，燙煮1分
　30秒。瀝乾水分後以醃梅拌勻。

材料（1人份）
四季豆…5根
鹽…1小匙
芥末籽醬…½大匙

作法
1 將水1杯、鹽放入煎蛋捲鍋中煮滾。
2 四季豆的長度切成3〜4等分。
3 將四季豆放入1之中，燙煮2分鐘。瀝乾水分後以芥末籽醬拌勻。

材料（1人份）
四季豆…5根
燒海苔…⅙片
醬油…1小匙

作法
1 將水1杯放入煎蛋捲鍋中煮滾。
2 四季豆的長度切成3〜4等分。燒海苔撕碎。
3 將四季豆放入1之中，燙煮2分鐘。瀝乾水分後淋上醬油，以燒海苔拌勻。

拌芥末籽醬

拌海苔

拌芝麻

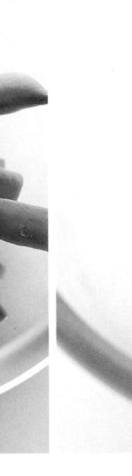

拌紅薑

四季豆

材料（1人份）
四季豆…5根
鹽…1小匙
紅薑…1小匙

作法
1 將水1杯、鹽放入煎蛋捲鍋中煮滾。
2 四季豆的長度切成3〜4等分。
3 將四季豆放入1之中，燙煮2分鐘。瀝乾水分後以紅薑拌勻。

材料（1人份）
四季豆…5根
醬油…1小匙
白芝麻粉…2小匙

作法
1 將水1杯放入煎蛋捲鍋中煮滾。
2 四季豆的長度切成3〜4等分。
3 將四季豆放入1之中，燙煮2分鐘。瀝乾水分後以醬油、白芝麻粉拌勻。

材料（1人份）
青椒…2棵　美乃滋…½大匙
鹽…1小匙　白芝麻粉…1小匙

作法
1 將水1杯、鹽放入煎蛋捲鍋中煮滾。
2 青椒縱切成一半，去除籽和蒂頭後橫切成5mm寬。
3 將青椒放入1之中，燙煮30秒。瀝乾水分後以美乃滋、白芝麻粉拌勻。

材料（1人份）
青椒…2棵
紅紫蘇香鬆…⅓小匙

作法
1 將水1杯放入煎蛋捲鍋中煮滾。
2 青椒縱切成一半，去除籽和蒂頭後橫切成5mm寬。
3 將青椒放入1之中，燙煮30秒。瀝乾水分後以紅紫蘇香鬆拌勻。

青椒

拌芝麻美乃滋

拌紅紫蘇

拌滑菇

拌橄欖油

甜椒

材料（1人份）
紅甜椒…½棵
滑菇…1大匙

作法
1 將水1杯放入煎蛋捲鍋中煮滾。
2 甜椒去除籽和蒂頭後橫切成5mm寬。
3 將甜椒放入1之中，燙煮30秒。瀝乾水分後以滑菇拌勻。

材料（1人份）
紅甜椒…½棵　橄欖油…½小匙
鹽…1小匙　粗磨黑胡椒…少量

作法
1 將水1杯、鹽放入煎蛋捲鍋中煮滾。
2 甜椒去除籽和蒂頭後橫切成5mm寬。
3 將甜椒放入1之中，燙煮30秒。瀝乾水分後以橄欖油、粗磨黑胡椒拌勻。

材料（1人份）
高麗菜…2片（100g）
鹽…1小匙
辣油…½小匙

作法
1 將水1杯、鹽放入煎蛋捲鍋中煮滾。
2 高麗菜切成較小的一口大小。
3 將高麗菜放入1之中，燙煮1分鐘。擠乾水分後以辣油拌勻。

材料（1人份）
高麗菜…2片（100g）
伍斯特醬…2小匙
柴魚片…2小撮

作法
1 將水1杯放入煎蛋捲鍋中煮滾。
2 高麗菜切成較小的一口大小。
3 將高麗菜放入1之中，燙煮1分鐘。擠乾水分後以伍斯特醬、柴魚片拌勻。

高麗菜

拌伍斯特醬柴魚片

拌辣油

拌柚子胡椒

拌紅薑

材料（1人份）
高麗菜…2片（100g）
柚子胡椒…½小匙
醬油…½小匙

作法
1 將水1杯放入煎蛋捲鍋中煮滾。
2 高麗菜切成較小的一口大小。
3 將高麗菜放入1之中，燙煮1分鐘。擠乾水分後以柚子胡椒、醬油拌勻。

材料（1人份）
高麗菜…2片（100g）
鹽…1小匙
紅薑…1小匙

作法
1 將水1杯、鹽放入煎蛋捲鍋中煮滾。
2 高麗菜切成較小的一口大小。
3 將高麗菜放入1之中，燙煮1分鐘。擠乾水分後以紅薑拌勻。

材料（1人份）
小松菜⋯2棵（60g）　柴魚片⋯⅓袋（1g）
日式醃梅⋯小1顆

作法
1 將水1杯放入煎蛋捲鍋中煮滾。
2 小松菜切成3～4㎝長。根部太寬的話縱切一半。
　日式醃梅去籽之後撕碎。
3 將小松菜放入1之中，燙煮1分鐘。擠乾水分後以
　醃梅、柴魚片拌勻。

材料（1人份）
小松菜⋯2棵（60g）　醬油⋯1小匙
魩仔魚⋯1大匙

作法
1 將水1杯放入煎蛋捲鍋中煮滾。
2 小松菜切成3～4㎝長。根部太寬的話縱切一半。
3 將小松菜放入1之中，燙煮1分鐘。擠乾水分後以
　魩仔魚、醬油拌勻。

拌醃梅柴魚片

拌魩仔魚

拌辣油

拌海苔醬

小松菜

材料（1人份）
小松菜⋯2棵（60g）　辣油⋯½小匙
鹽⋯1小匙

作法
1 將水1杯、鹽放入煎蛋捲鍋中煮滾。
2 小松菜切成3～4㎝長。根部太寬的話縱切一半。
3 將小松菜放入1之中，煮煮1分鐘。擠乾水分後以
　辣油拌勻。

材料（1人份）
小松菜⋯2棵（60g）
海苔醬⋯2小匙

作法
1 將水1杯放入煎蛋捲鍋中煮滾。
2 小松菜切成3～4㎝長。根部太寬的話縱切一半。
3 將小松菜放入1之中，燙煮1分鐘。擠乾水分後以
　海苔醬拌勻。

材料（1人份）
青江菜…½棵（60g）　沙拉油…1小匙
鹽…1小匙　　　　　蠔油…1小匙

作法
1 將水1杯、鹽、沙拉油放入煎蛋捲鍋中煮滾。
2 青江菜切成3～4cm長，根部縱切成一半。
3 將青江菜放入1之中，燙煮1分鐘。擠乾水分後以蠔油拌勻。

材料（1人份）
青江菜…½棵（60g）　調味筍乾…20g
鹽…1小匙

作法
1 將水1杯、鹽放入煎蛋捲鍋中煮滾。
2 青江菜切成3～4cm長，根部縱切成一半。筍乾撕開成2～3等分。
3 將青江菜放入1之中，燙煮1分鐘。擠乾水分後與筍乾拌勻。

青江菜

拌蠔油

拌筍乾

拌咖哩醬油

雞湯燙煮

材料（1人份）
青江菜…½棵（60g）　咖哩粉…½小匙
醬油…1小匙

作法
1 將水1杯放入煎蛋捲鍋中煮滾。
2 青江菜切成3～4cm長，根部縱切成一半。
3 將青江菜放入1之中，燙煮1分鐘。擠乾水分後以醬油、咖哩粉拌勻。

材料（1人份）
青江菜
…½棵（60g）　A ┌ 鹽…½小匙
　　　　　　　　├ 雞架高湯顆粒…½小匙
　　　　　　　　└ 胡椒…少量

作法
1 將水1杯和A放入煎蛋捲鍋中煮滾。
2 青江菜切成3～4cm長，根部縱切成一半。
3 將青江菜放入1之中，燙煮1分鐘後擠乾水分。

材料（1人份）
菠菜…4棵（60g）　沙拉油…1小匙
鹽…1小匙　　　　蠔油…1小匙

作法
1 將水1杯、鹽、沙拉油放入煎蛋捲鍋中煮滾。
2 菠菜切成4cm長。
3 將菠菜放入1之中，燙煮1分鐘。擠乾水分後以蠔油拌勻。

材料（1人份）
菠菜…4棵（60g）　沙拉油…1小匙
鹽…1小匙　　　　乳酪粉…1大匙

作法
1 將水1杯、鹽、沙拉油放入煎蛋捲鍋中煮滾。
2 菠菜切成4cm長。
3 將菠菜放入1之中，燙煮1分鐘。擠乾水分後以乳酪粉拌勻。

菠菜

拌蠔油

拌乳酪粉

黃豆芽
拌紅紫蘇

韓式涼拌綠豆芽

綠豆芽・黃豆芽

材料（1人份）
黃豆芽…100g
紅紫蘇香鬆…⅓小匙

作法
1 將水1杯放入煎蛋捲鍋中煮滾。
2 將黃豆芽放入1之中，燙煮4～5分鐘。擠乾水分後以紅紫蘇香鬆拌勻。

材料（1人份）
綠豆芽…100g　芝麻油…½小匙
鹽…1小匙　　　炒白芝麻…少量

作法
1 將水1杯、鹽放入煎蛋捲鍋中煮滾。
2 將綠豆芽放入1之中，燙煮1分鐘。擠乾水分後以芝麻油、炒白芝麻拌勻。

材料（1人份）
胡蘿蔔…⅓根（50g）
味噌…1小匙

作法
1 將水1杯放入煎蛋捲鍋中煮滾。
2 胡蘿蔔切成細絲。
3 將胡蘿蔔放入1之中，燙煮1分鐘。瀝乾水分後以
　 味噌拌勻。

材料（1人份）
胡蘿蔔…⅓根（50g）　芝麻油…½小匙
鹽…1小匙　　　　　　蒜泥…少量

作法
1 將水1杯、鹽放入煎蛋捲鍋中煮滾。
2 胡蘿蔔切成細絲。
3 將胡蘿蔔放入1之中，燙煮1分鐘。瀝乾水分後以
　 芝麻油、蒜泥拌勻。

胡蘿蔔

拌味噌

韓式涼拌

拌柴魚片

拌海苔

材料（1人份）
胡蘿蔔…⅓根（50g）
鹽…1小匙
柴魚片…1小撮

作法
1 將水1杯、鹽放入煎蛋捲鍋中煮滾。
2 胡蘿蔔切成細絲。
3 將胡蘿蔔放入1之中，燙煮1分鐘。瀝乾水分後以
　 柴魚片拌勻。

材料（1人份）
胡蘿蔔…⅓根（50g）
醬油…1小匙
燒海苔…⅙片

作法
1 將水1杯放入煎蛋捲鍋中煮滾。
2 胡蘿蔔切成細絲。燒海苔撕碎。
3 將胡蘿蔔放入1之中，燙煮1分鐘。瀝乾水分後淋
　 上醬油，與燒海苔拌勻。

材料（1人份）
綠蘆筍…2根
滑菇…1大匙

作法
1 將水1杯放入煎蛋捲鍋中煮滾。
2 綠蘆筍以削皮刀削除根部的硬皮，切成3～4cm長。
3 將綠蘆筍放入1之中，燙煮1分鐘。瀝乾水分後以滑菇拌勻。

材料（1人份）
綠蘆筍…2根
鹽昆布…2小撮

作法
1 將水1杯放入煎蛋捲鍋中煮滾。
2 綠蘆筍以削皮刀削除根部的硬皮，切成3～4cm長。
3 將綠蘆筍放入1之中，燙煮1分鐘。瀝乾水分後以鹽昆布拌勻。

拌滑菇

拌鹽昆布

綠蘆筍

拌咖哩美乃滋

拌芥末籽醬

材料（1人份）
綠蘆筍…2根　美乃滋…1小匙
鹽…1小匙　　咖哩粉…⅓小匙

作法
1 將水1杯、鹽放入煎蛋捲鍋中煮滾。
2 綠蘆筍以削皮刀削除根部的硬皮，切成3～4cm長。
3 將綠蘆筍放入1之中，燙煮1分鐘。瀝乾水分後以美乃滋、咖哩粉拌勻。

材料（1人份）
綠蘆筍…2根　芥末籽醬…½大匙
鹽…1小匙

作法
1 將水1杯、鹽放入煎蛋捲鍋中煮滾。
2 綠蘆筍以削皮刀削除根部的硬皮，切成3～4cm長。
3 將綠蘆筍放入1之中，燙煮1分鐘。瀝乾水分後以芥末籽醬拌勻。

材料（1人份）
秋葵…3根
海苔醬…2小匙

作法
1 將水1杯放入煎蛋捲鍋中煮滾。
2 將秋葵放入1之中，燙煮1分鐘。
3 秋葵瀝乾水分後切除蒂頭，再斜切成2～3等分，
　 然後以海苔醬拌勻。

材料（1人份）
秋葵…3根
鹽…1小匙
魩仔魚…1大匙

作法
1 將水1杯、鹽放入煎蛋捲鍋中煮滾。
2 將秋葵放入1之中，燙煮1分鐘。
3 秋葵瀝乾水分後切除蒂頭，再斜切成2～3等分，
　 然後與魩仔魚拌勻。

秋葵

西洋芹

拌海苔醬

拌魩仔魚

拌筍乾

拌鹽昆布

材料（1人份）
西洋芹…½根（50g）
鹽…1小匙
調味筍乾…20g

作法
1 將水1杯、鹽放入煎蛋捲鍋中煮滾。
2 西洋芹斜切成薄片。筍乾撕開成2～3等分。
3 將西洋芹放入1之中，燙煮30秒。瀝乾水分後與
　 筍乾拌勻。

材料（1人份）
西洋芹…½根（50g）
鹽昆布…2小撮
芝麻油…少量

作法
1 將水1杯放入煎蛋捲鍋中煮滾。
2 西洋芹斜切成薄片。
3 將西洋芹放入1之中，燙煮30秒。瀝乾水分後以
　 鹽昆布、芝麻油拌勻。

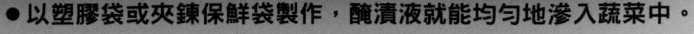

醃漬小菜

醃漬小菜的
祕 **訣**

● 以塑膠袋或夾鍊保鮮袋製作，醃漬液就能均勻地滲入蔬菜中。
● 醃漬之後放置1個晚上才好吃。
● 放在冷藏室中可以保存1週左右。
● 裝入便當盒之前要充分瀝乾醃漬液。

甜椒

醃漬液（共通）

材料（容易製作的分量）
醋…3大匙
水…3大匙
砂糖…2大匙
鹽…1小匙

茗荷

材料（容易製作的分量）和作法

1 將**甜椒1棵**去除蒂頭和籽之後，縱切成1cm寬，再切成3cm長。

2 將**1**和**醃漬液**放入耐熱缽盆中，覆上保鮮膜，以微波爐加熱40秒。取下保鮮膜之後放涼。

3 將**2**放入塑膠袋中，排出空氣之後封口，放在冷藏室中使之入味。

材料（容易製作的分量）和作法

1 將**茗荷4個**縱切成一半。

2 將**1**和**醃漬液**放入耐熱缽盆中，覆上保鮮膜，以微波爐加熱40秒。取下保鮮膜之後放涼。

3 將**2**放入塑膠袋中，排出空氣之後封口，放在冷藏室中使之入味。

白花椰菜

西洋芹

材料（容易製作的分量）和作法

1 將**白花椰菜小¼棵（100g）**分成小朵之後縱切成一半。

2 將**1**和**醃漬液**放入耐熱缽盆中，覆上保鮮膜，以微波爐加熱40秒。取下保鮮膜之後放涼。

3 將**2**放入塑膠袋中，排出空氣之後封口，放在冷藏室中使之入味。

材料（容易製作的分量）和作法

1 將**西洋芹½根**切成1cm厚。

2 將**1**和**醃漬液**放入耐熱缽盆中，覆上保鮮膜，以微波爐加熱40秒。取下保鮮膜之後放涼。

3 將**2**放入塑膠袋中，排出空氣之後封口，放在冷藏室中使之入味。

小黃瓜

小番茄

材料（容易製作的分量）和作法

1 將**小黃瓜1根**切成1cm厚的圓片。

2 將**1**和**醃漬液**放入耐熱缽盆中，覆上保鮮膜，以微波爐加熱40秒。取下保鮮膜之後放涼。

3 將**2**放入塑膠袋中，排出空氣之後封口，放在冷藏室中使之入味。

材料（容易製作的分量）和作法

1 將**小番茄6個**去除蒂頭。

2 將**1**和**醃漬液**放入耐熱缽盆中，覆上保鮮膜，以微波爐加熱40秒。取下保鮮膜之後放涼。

3 將**2**放入塑膠袋中，排出空氣之後封口，放在冷藏室中使之入味。

淺漬小菜

淺漬小菜的 祕訣

- 鹽分（天然鹽）以蔬菜重量的 1.5% 為基準。
- 以塑膠袋或夾鍊保鮮袋製作，鹽分就能均勻地滲入蔬菜中。
- 醃漬之後放置 30 分鐘才好吃。
- 放在冷藏室中可以保存 3～4 天左右。
- 裝入便當盒之前要充分擠乾水分。

高麗菜

小黃瓜

材料（容易製作的分量）和作法
1 將**高麗菜4片（200g）**切成1cm寬之後，再切成5cm長。
2 將**1**和**鹽3g**放入塑膠袋中搓揉，排出空氣之後封口，放在冷藏室中使之入味。

材料（容易製作的分量）和作法
1 **小黃瓜1根（100g）**切成2～3mm厚的圓形薄片。
2 將**1**和**鹽1.5g**放入塑膠袋中搓揉，排出空氣之後封口，放在冷藏室中使之入味。

胡蘿蔔

白菜

材料（容易製作的分量）和作法
1 將**胡蘿蔔½根（75g）**切成細絲。
2 將**1**和**鹽1.2g**放入塑膠袋中搓揉，排出空氣之後封口，放在冷藏室中使之入味。

材料（容易製作的分量）和作法
1 將**白菜大2片（200g）**切成1cm寬之後，再切成5cm長。
2 將**1**和**鹽3g**放入塑膠袋中搓揉，排出空氣之後封口，放在冷藏室中使之入味。

萵苣

茄子

材料（容易製作的分量）和作法
1 將**萵苣小⅙棵（100g）**撕碎成一口大小。
2 將**1**和**鹽1.5g**放入塑膠袋中搓揉，排出空氣之後封口，放在冷藏室中使之入味。

材料（容易製作的分量）和作法
1 將**茄子1根（75g）**切成2～3mm厚的半月形。
2 將**1**和**鹽1.2g**放入塑膠袋中搓揉，排出空氣之後封口，放在冷藏室中使之入味。

微波菜餚

南瓜和根菜等不容易煮熟的蔬菜，建議以微波爐來調理。
與涼拌蔬菜一樣，
在煎蛋捲和主菜之前製作，放涼後備用。

柴魚片煮蓮藕

材料（1人份）
蓮藕…¼節（50g）
A ┌ 柴魚片…½大匙
  │ 醬油…½小匙
  │ 味醂…½小匙
  └ 水…½小匙

作法
1 蓮藕去皮之後切成5mm厚的扇形，迅速洗一下。
2 將1放入耐熱缽盆中，撒上A，鬆鬆地覆上保鮮膜之後以微波爐加熱2分鐘。就這樣放置2分鐘左右燜蒸一下。
3 取下保鮮膜之後放涼。

微波鹽蒸馬鈴薯

材料（1人份）
馬鈴薯…小½棵（50g）
鹽…1小撮（0.5g）

作法
1 馬鈴薯去皮之後切成一口大小，迅速洗一下。
2 將1放入耐熱缽盆中，撒上鹽，鬆鬆地覆上保鮮膜之後以微波爐加熱2分鐘。就這樣放置2分鐘左右燜蒸一下。
3 取下保鮮膜之後放涼。

燉里芋

材料（1人份）
里芋…小1棵（50g）
A ┌ 水…1大匙
  │ 砂糖…½小匙
  │ 醬油…¼小匙
  └ 鹽…2小撮（⅕小匙）

作法
1 里芋去皮之後切成2～3等分。
2 將1放入耐熱缽盆中，撒上A，鬆鬆地覆上保鮮膜之後以微波爐加熱2分鐘（如果很硬的話再加熱1分鐘）。就這樣放置2分鐘左右燜蒸一下。
3 取下保鮮膜之後放涼。

南瓜甘辛煮

材料（1人份）
南瓜…50g
砂糖…½小匙
醬油…¼小匙

作法
1 南瓜去除籽和瓜囊，切成2cm的小塊，迅速洗一下。
2 將1放入耐熱缽盆中，撒上砂糖、醬油，鬆鬆地覆上保鮮膜之後以微波爐加熱2分鐘。就這樣放置2分鐘左右燜蒸一下。
3 取下保鮮膜之後放涼。

PART
4

用煎蛋捲鍋製作的第 2 道菜。
煎蛋捲和變化款食譜

這裡！

從以前到現在，便當中不可缺少的菜色就是煎蛋捲。

只要有 1 顆蛋，就能做出 1 人份的煎蛋捲。

每 1 顆蛋搭配 1 大匙水（或是昆布柴魚高湯等）。

先記住這個比例，就能順利製作完成。

要是吃膩了單純的煎蛋捲，

只要把油換成橄欖油、芝麻油或奶油，就能變化出不同的風味。

如果想要做出更多變化，

就試著加入各式調味料或配料，製作變化款煎蛋捲吧！

配料全都是不需要特別準備的食材。

不僅味道，連外觀也會有所變化，可以愉快地享用。

1 把蛋打散成蛋液

「1 顆蛋加 1 大匙水」
記住這個比例吧!

材料（1人份）
蛋…1 顆
水…1 大匙
鹽…1 小撮（0.5g）
沙拉油…½ 小匙 ※

※用橄欖油、芝麻油或奶油
5g 取代沙拉油也很美味。

首先混合水和鹽。

要混入配料或調味料的話

在此時!

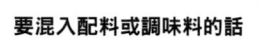

**先把調味料和水
混合在一起，味道就能
均勻分布在蛋液中！**

加入蛋，充分打散成蛋液。

2 煎蛋

在煎蛋捲鍋中放入沙拉油¼
小匙，以稍大的中火加熱，
用廚房紙巾薄薄地塗抹開。

倒入半量的蛋液，

全部薄薄地延展開。

在此時!

要在中間捲配料的話

要鋪上配料的話

**一邊以筷子輕戳
一邊從煎蛋捲鍋剝起**

蛋液的表面變乾之後，用筷
子從後方往前方捲起來。

**前端尖細的筷子
比較容易捲！**

3 再煎1次

把捲好的蛋捲移到後方，然後用廚房紙巾將沙拉油¼小匙薄薄地塗抹開來。

> 移到後方的蛋捲下方也別忘了塗沙拉油！

倒入剩餘的蛋液，全部薄薄地延展開。

> 移到後方的蛋捲下方也要有蛋液！

表面變乾之後，以第1次煎好的蛋捲為內芯，往前方一圈圈捲起來。

> 一邊以筷子輕戳一邊捲動！

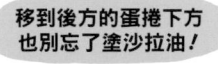

> 還有一點！

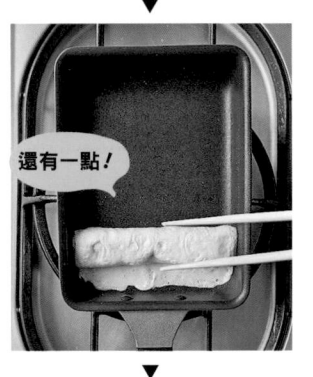

捲完後，用筷子輕輕按壓，調整形狀，煎到蛋液凝固。

> 因為是便當菜，所以要充分煎到中間熟透

---

4 放涼

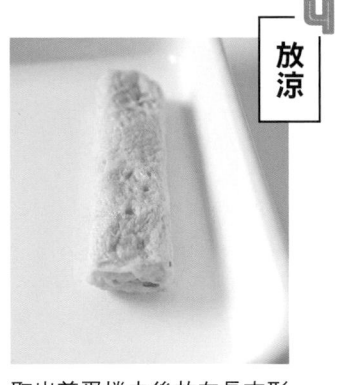

取出煎蛋捲之後放在長方形淺盤中放涼。

▼

5 切分

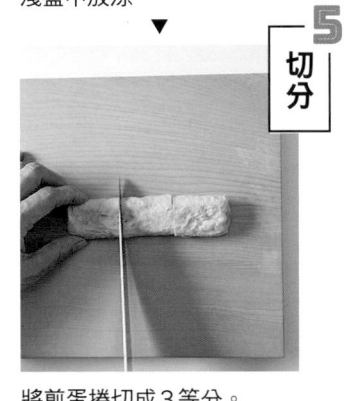

將煎蛋捲切成3等分。

> 如果高度超出便當盒，配合便當盒的深度切成4等分也OK！

乳酪粉煎蛋捲

材料（1人份）
蛋…1顆
A┌ 水…1大匙
 │ 乳酪粉…1大匙
 └ 鹽…1小撮（0.5g）
沙拉油…½小匙

作法
1 將A放入缽盆攪拌，加入蛋之後打散成蛋液。
2 以稍大的中火加熱煎蛋捲鍋，薄薄地塗上沙拉油¼小匙。依照P.104～105的要領製作煎蛋捲。從鍋中取出之後放在長方形淺盤中放涼，再切成3等分。

咖哩奶油煎蛋捲

材料（1人份）
蛋…1顆
A┌ 水…1大匙
 │ 咖哩粉…⅓小匙
 └ 鹽…1小撮（0.5g）
奶油…5g

作法
1 將A放入缽盆攪拌，加入蛋之後打散成蛋液。
2 將奶油2.5g放入煎蛋捲鍋中，以稍大的中火加熱。待奶油融化之後，依照P.104～105的要領製作煎蛋捲。從鍋中取出之後放在長方形淺盤中放涼，再切成3等分。

美乃滋風味煎蛋捲

材料（1人份）
蛋…1顆
A┌ 水…1大匙
 │ 美乃滋…1大匙
 └ 鹽…1小撮（0.5g）
沙拉油…½小匙

作法
1 將A放入缽盆攪拌，加入蛋之後打散成蛋液。
2 以稍大的中火加熱煎蛋捲鍋，薄薄地塗上沙拉油¼小匙。依照P.104～105的要領製作煎蛋捲。從鍋中取出之後放在長方形淺盤中放涼，再切成3等分。

材料（1人份）　　A┌ 水…1大匙
蛋…1顆　　　　　　└ 鹽…少量
日式醃梅…小1顆　　奶油…5g

作法

1 醃梅去籽之後撕碎。將醃梅和A放入缽盆攪拌，加入蛋之後打散成蛋液。

2 將奶油2.5g放入煎蛋捲鍋中，以稍大的中火加熱。待奶油融化之後，依照P.104～105的要領製作煎蛋捲。從鍋中取出之後放在長方形淺盤中放涼，再切成3等分。

醃梅奶油煎蛋捲

材料（1人份）
蛋…1顆

　　┌ 水…1大匙
A │ 紅薑…½大匙
　　└ 鹽…少量
沙拉油…½小匙

作法

1 將A放入缽盆攪拌，加入蛋之後打散成蛋液。

2 以稍大的中火加熱煎蛋捲鍋，薄薄地塗上沙拉油¼小匙。依照P.104～105的要領製作煎蛋捲。從鍋中取出之後放在長方形淺盤中放涼，再切成3等分。

紅薑煎蛋捲

材料（1人份）　　A┌ 水…1大匙
蛋…1顆　　　　　　└ 鹽…1小撮（0.5g）
火腿…1片　　沙拉油…½小匙

作法

1 將A放入缽盆攪拌，加入蛋之後打散成蛋液。火腿依照寬度切成4等分。

2 以稍大的中火加熱煎蛋捲鍋，薄薄地塗上沙拉油¼小匙。倒入半量的蛋液均勻延展開來，待表面變乾之後放上火腿，然後往前方捲起來。隨後依照P.105的要領製作煎蛋捲。從鍋中取出之後放在長方形淺盤中放涼，再切成3等分。

火腿煎蛋捲

滑菇煎蛋捲

材料（1人份）
蛋…1顆
A ┌ 水…1大匙
　└ 滑菇…1大匙
沙拉油…½小匙

作法
1 將A放入缽盆攪拌，加入蛋之後打散成蛋液。
2 以稍大的中火加熱煎蛋捲鍋，薄薄地塗上沙拉油¼小匙。依照P.104～105的要領製作煎蛋捲。從鍋中取出之後放在長方形淺盤中放涼，再切成3等分。

蟹肉棒煎蛋捲

材料（1人份）
蛋…1顆
蟹肉棒…1根
A ┌ 水…1大匙
　└ 鹽…1小撮（0.5g）
沙拉油…½小匙

作法
1 蟹肉棒依照長度切成3等分，然後撕開。將蟹肉棒和A放入缽盆中攪拌，加入蛋之後打散成蛋液。
2 以稍大的中火加熱煎蛋捲鍋，薄薄地塗上沙拉油¼小匙。依照P.104～105的要領製作煎蛋捲。從鍋中取出之後放在長方形淺盤中放涼，再切成3等分。

魚肉香腸煎蛋捲

材料（1人份）
蛋…1顆
魚肉香腸…1根
A ┌ 水…1大匙
　└ 鹽…1小撮（0.5g）
沙拉油…½小匙

作法
1 將魚肉香腸的長度切成煎蛋捲鍋的寬度。
2 將A放入缽盆攪拌，加入蛋之後打散成蛋液。
3 以稍大的中火加熱煎蛋捲鍋，薄薄地塗上沙拉油¼小匙。倒入半量的蛋液均勻延展開來，待表面變乾之後將魚肉香腸放在後方，把它當作內芯，將蛋皮往前方捲起來。隨後依照P.105的要領製作煎蛋捲。從鍋中取出之後放在長方形淺盤中放涼，再切成3等分。

韓式泡菜煎蛋捲

材料（1人份）

蛋…1顆

A ┌ 韓式白菜泡菜（大略切碎）…2大匙
　├ 水…1大匙
　└ 鹽…少量

沙拉油…½小匙

作法

1 將A放入缽盆攪拌，加入蛋之後打散成蛋液。

2 以稍大的中火加熱煎蛋捲鍋，薄薄地塗上沙拉油¼小匙。依照P.104～105的要領製作煎蛋捲。從鍋中取出之後放在長方形淺盤中放涼，再切成3等分。

榨菜煎蛋捲

材料（1人份）

蛋…1顆

調味榨菜…20g

A ┌ 水…1大匙
　└ 鹽…1小撮（0.5g）

沙拉油…½小匙

作法

1 榨菜大略切碎。將榨菜和A放入缽盆攪拌，加入蛋之後打散成蛋液。

2 以稍大的中火加熱煎蛋捲鍋，薄薄地塗上沙拉油¼小匙。依照P.104～105的要領製作煎蛋捲。從鍋中取出之後放在長方形淺盤中放涼，再切成3等分。

筍乾煎蛋捲

材料（1人份）

蛋…1顆

調味筍乾…20g

A ┌ 水…1大匙
　└ 鹽…少量

沙拉油…½小匙

作法

1 筍乾撕開成2～3等分。將筍乾和A放入缽盆攪拌，加入蛋之後打散成蛋液。

2 以稍大的中火加熱煎蛋捲鍋，薄薄地塗上沙拉油¼小匙。依照P.104～105的要領製作煎蛋捲。從鍋中取出之後放在長方形淺盤中放涼，再切成3等分。

魩仔魚煎蛋捲

材料（1人份）
蛋…1顆
A ┌ 水…1大匙
  │ 魩仔魚…1大匙
  └ 鹽…1小撮（0.5g）
沙拉油…½小匙

作法
1 將A放入缽盆攪拌，加入蛋之後打散成蛋液。
2 以稍大的中火加熱煎蛋捲鍋，薄薄地塗上沙拉油¼小匙。依照P.104～105的要領製作煎蛋捲。從鍋中取出之後放在長方形淺盤中放涼，再切成3等分。

明太子煎蛋捲

材料（1人份）
蛋…1顆
A ┌ 水…1大匙
  └ 明太子（已經剝散）…1大匙
芝麻油…½小匙

作法
1 將A放入缽盆攪拌，加入蛋之後打散成蛋液。
2 以稍大的中火加熱煎蛋捲鍋，薄薄地塗上芝麻油¼小匙。依照P.104～105的要領製作煎蛋捲。從鍋中取出之後放在長方形淺盤中放涼，再切成3等分。

海苔捲風格煎蛋捲

材料（1人份）
蛋…1顆
燒海苔…½片
A ┌ 水…1大匙
  │ 砂糖…½大匙
  └ 醬油…⅓小匙
沙拉油…½小匙

作法
1 將A放入缽盆攪拌，加入蛋之後打散成蛋液。燒海苔切成一半。
2 以稍大的中火加熱煎蛋捲鍋，薄薄地塗上沙拉油¼小匙。倒入半量的蛋液均勻延展開來，待表面變乾之後攤開海苔鋪在上面，然後往前方捲起來。隨後依照P.105的要領製作煎蛋捲。從鍋中取出之後放在長方形淺盤中放涼，再切成3等分。

材料（1人份）

蛋…1顆

A 水…1大匙
櫻花蝦（乾燥）…2小撮
鹽…1小撮（0.5g）

沙拉油…½小匙

作法

1 將A放入缽盆攪拌，加入蛋之後打散成蛋液。

2 以稍大的中火加熱煎蛋捲鍋，薄薄地塗上沙拉油¼小匙。依照P.104～105的要領製作煎蛋捲。從鍋中取出之後放在長方形淺盤中放涼，再切成3等分。

櫻花蝦煎蛋捲

材料（1人份）

蛋…1顆

石蓴（乾燥）…1小撮（3g）

A 水…1大匙
鹽…1小撮（0.5g）

沙拉油…½小匙

作法

1 石蓴過一下水之後擠乾水分。將石蓴和A放入缽盆攪拌，加入蛋之後打散成蛋液。

2 以稍大的中火加熱煎蛋捲鍋，薄薄地塗上沙拉油¼小匙。依照P.104～105的要領製作煎蛋捲。從鍋中取出之後放在長方形淺盤中放涼，再切成3等分。

石蓴煎蛋捲

材料（1人份）

蛋…1顆

A 水…1大匙
昆布佃煮…1小匙
鹽…1小撮（0.5g）

沙拉油…½小匙

作法

1 將A放入缽盆攪拌，加入蛋之後打散成蛋液。

2 以稍大的中火加熱煎蛋捲鍋，薄薄地塗上沙拉油¼小匙。依照P.104～105的要領製作煎蛋捲。從鍋中取出之後放在長方形淺盤中放涼，再切成3等分。

昆布佃煮煎蛋捲

醃鵪鶉蛋

醃鵪鶉蛋的

祕 訣

- 以塑膠袋或夾鍊保鮮袋製作，味道就能均勻地滲入鵪鶉蛋中。
- 醃漬之後放置1個晚上才好吃。
- 放在冷藏室中可以保存3～4天左右。
- 裝入便當盒之前要充分瀝乾醬汁。

法式清湯味

材料（容易製作的分量）和作法

1 將**水2大匙**、**法式清湯顆粒1小匙**放入鍋中開火
加熱。煮滾之後關火，放入**水煮鵪鶉蛋6個**。

2 待1放涼之後裝入塑膠袋中，排出空氣後封口，
放在冷藏室中使之入味。

紅紫蘇味

材料（容易製作的分量）和作法

1 將**水1又½大匙**、**紅紫蘇香鬆1小匙**、**醋½小匙**
放入鍋中開火加熱。煮滾之後關火，放入**水煮鵪
鶉蛋6個**。

2 待1放涼之後裝入塑膠袋中，排出空氣後封口，
放在冷藏室中使之入味。

莎莎醬味

材料（容易製作的分量）和作法

1 將**番茄醬1又½大匙**、**醋½大匙**、**辣椒粉少量**放
入鍋中開火加熱。煮滾之後關火，放入**水煮鵪鶉
蛋6個**。

2 待1放涼之後裝入塑膠袋中，排出空氣後封口，
放在冷藏室中使之入味。

咖哩鹽味

材料（容易製作的分量）和作法

1 將**水2大匙**、**咖哩粉1小匙**、**鹽⅓小匙**放入鍋中
開火加熱。煮滾之後關火，放入**水煮鵪鶉蛋6個**。

2 待1放涼之後裝入塑膠袋中，排出空氣後封口，
放在冷藏室中使之入味。

醃漬小菜味

材料（容易製作的分量）和作法

1 將**水和醋各1大匙**、**砂糖2小匙**、**鹽⅓小匙**放入
鍋中開火加熱。煮滾之後關火，放入**水煮鵪鶉蛋
6個**。

2 待1放涼之後裝入塑膠袋中，排出空氣後封口，
放在冷藏室中使之入味。

醬油味醂味

材料（容易製作的分量）和作法

1 將**水1大匙**、**醬油2小匙**、**味醂1小匙**放入鍋中開
火加熱。煮滾之後關火，放入**水煮鵪鶉蛋6個**。

2 待1放涼之後裝入塑膠袋中，排出空氣後封口，
放在冷藏室中使之入味。

特別篇

沒時間的日子。提不起勁的日子。

用煎蛋捲鍋製作的蓋飯便當

這個！

花最少的工夫和時間，用煎蛋捲鍋做出3菜便當。
若是哪天連3菜便當也沒時間做，
就用把菜餚擺在米飯上的「蓋飯風格」便當
大幅減少調理時間吧。

主要食材有2種，加熱調理只要1次。在10分鐘內就能完成。
在睡過頭的日子、身體倦怠的日子、
提不起勁的日子裡，
就算是做蓋飯便當，應該也不錯吧？

胡椒鹽炒火腿蛋蓋飯

如果用與早餐「火腿蛋」相同的材料來製作便當也許會很輕鬆……因為這樣的想法，完成了這道蓋飯！火腿的鹹味為鬆軟的蛋提味。掀開盒蓋的時候，就像再次迎接清晨一樣，讓人感覺十分神清氣爽。

所需時間約5分鐘

材料（1人份）

火腿…2片
蛋…1顆

A ┌ 水…1大匙
　└ 鹽…1小撮（0.5g）

沙拉油…½大匙
胡椒…少量
米飯…150g

作法

1 將米飯平平地填滿便當盒，就這樣放著讓米飯變涼。

2 火腿以放射狀切成8等分。

3 將A放入缽盆中攪拌，加入蛋之後打散成蛋液。

4 將沙拉油倒入煎蛋捲鍋中加熱，炒火腿。火腿裹上油之後加入3的蛋液，大幅拌炒把蛋炒熟。取出後放在長方形淺盤中放涼。

5 將4放在飯的上面，撒上胡椒。

放上去就好！

炒一炒

醃小黃瓜
（P.97）

番茄醬煮
香腸青花菜蓋飯

香腸圓滾滾，青花菜一朵朵。
吃起來相當有嚼勁。
多虧了辣椒粉刺激的辣味，
一點也不覺得味道很單調。
被濃稠的番茄煮汁包裹的白飯，
也好吃到令人停不下筷子。

材料（1人份）

維也納香腸…4根
青花菜…⅙棵（60g）

A ┌ 水…2大匙
　│ 番茄醬…1大匙
　│ 鹽…1小撮（0.5g）
　└ 辣椒粉…少量

米飯…150g

作法

1 將米飯平平地填滿便當盒，就這樣放著讓米飯變涼。

2 香腸切2～3等分。青花菜切小朵。

3 將A放入煎蛋捲鍋中攪拌，加入2之後開火加熱。煮2～3分鐘直到煮汁變得濃稠，再繼續煮乾水分。取出後放在長方形淺盤中放涼。

4 將3放在飯的上面。

所需時間
約8分鐘

放上去就好！

煮一煮

咖哩鹽味醃鵪鶉蛋
（P.113）

韓式泡菜炒培根蓋飯

哇、睡過頭了！可是必須做便當！

在這種緊要關頭的救星，就是這道蓋飯。

因為只要把培根和泡菜炒一炒就可以了。

靠食材的鹽分、辣味和酸味就足以決定味道了，

所以不需要再另外用調味料調味。

還可以充分享用到2種食材的鮮味。

材料（1人份）

培根…2片

韓式白菜泡菜…50g

芝麻油…1小匙

米飯…150g

作法

1 將米飯平平地填滿便當盒，就這樣放著讓米飯變涼。

2 培根切成5mm寬。泡菜切成大段。

3 將芝麻油和培根放入煎蛋捲鍋中，開火加熱，炒到散發出香氣。加入泡菜之後迅速炒一下。取出後放在長方形淺盤中放涼。

4 將3放在飯的上面。

所需時間約6分鐘

放上去就好！

炒一炒

▶醃白花椰菜（P.97）

青椒炒豬肉絲蓋飯

鋪上滿滿的菜餚，看起來似乎很豪華。

不過，食材只有豬肉和青椒而已。

因為調味也出乎意料地簡單，

所以遇到緊急的時候也能快速完成。

儘管如此，中式料理

怎麼會這麼下飯啊。

材料（1人份）

豬里肌肉薄片…80g

青椒…2棵

A ─ 醬油…½大匙
  │ 味醂…1小匙
  └ 蒜泥…少量

沙拉油…1小匙

米飯…150g

作法

1 將米飯平平地填滿便當盒，就這樣放著讓米飯變涼。

2 豬肉切成1cm寬、5～6cm長。青椒去除籽和蒂頭之後，縱切成1cm寬。

3 將豬肉放入缽盆中，以A拌勻沾裹。

4 將沙拉油倒入煎蛋捲鍋中加熱，加入3炒散開來。再加入青椒炒到醬汁收乾。取出後放在長方形淺盤中放涼。

5 將4放在飯的上面。

所需時間
約10分鐘

放上去就好！

炒一炒

▶ 淺漬胡蘿蔔（P.99）

材料（1人份）

牛邊角肉…80g
鴻喜菇…½ 包
美乃滋…1 大匙
醬油…½ 大匙
胡椒…少量
米飯…150g

作法

1 將米飯平平地填滿便當盒，就這樣放著讓米飯變涼。

2 牛肉撕碎成一口大小。鴻喜菇切除根部之後剝散。

3 將美乃滋放入煎蛋捲鍋中開火加熱，大約融化一半之後依照順序加入鴻喜菇、牛肉拌炒。待牛肉炒熟之後，加入醬油、胡椒，炒到醬汁收乾。取出後放在長方形淺盤中放涼。

4 將 3 放在飯的上面。

美乃滋醬油炒鴻喜菇牛肉蓋飯

把冷藏室裡剩下的牛肉和鴻喜菇用美乃滋和醬油炒一炒，做出放涼之後也很美味、味道濃厚的便當。

牛肉的鮮美滋味在口中擴散開來。

市面上的牛肉蓋飯連鎖店雖然也很好吃，但自己做的牛肉蓋飯便當果然還是最棒的！

所需時間
約 8 分鐘

放上去就好！

炒一炒

淺漬萵苣（P.99）

便當的盛裝方法

米飯和菜餚的正確盛裝順序，會讓便當變得更好看。
最後再復習一次看起來很美味的盛裝方法。

菜餚要等完全變涼之後才盛裝。醬汁要徹底瀝乾。如果是沒有隔板的便當盒，稍微超出範圍蓋到米飯也沒關係。

雖然溫熱的米飯比較容易盛裝，但是要花一段時間才會變涼。如果在開始調理菜餚之前就先把米飯裝好，等到菜餚完成時米飯就變涼了。

也可以依照個人喜好，利用日式醃梅、拌飯香鬆和鹽昆布等，點綴在米飯上！

蔬菜菜餚也要等完全變涼之後才盛裝。像是要填補空隙一樣，緊緊地塞滿。

首先裝入形狀固定的煎蛋捲。雖然食譜中把煎蛋捲「切成3等分」，但如果太大的話，就配合便當盒的深度切成適當的長度。把切面朝上，看起來就會很漂亮。

防止便當「腐敗」的
4個重點

費心製作出來的便當，當然希望吃起來很美味！
為了避免飯菜腐敗，希望大家能先牢記以下4個重點。

1

器具和便當盒
要清洗乾淨

缽盆、長方形淺盤和砧
板等用來調理的器具以
及便當盒要清洗乾淨，
以免雜菌附著、繁殖。
盛裝便當的時候也不要
直接用手拿取菜餚，要
用乾淨的筷子。

2

完全煮熟

食材要煮到中間完全熟
透為止。半熟蛋和生的
蔬菜也不適合裝便當。
請充分加熱（淺漬小菜等
醃漬物因為添加了鹽分，即
使是生的也不易腐敗）。

3

充分放涼

為了避免便當蓋上蓋子
後，因熱度和蒸氣而造
成腐敗，米飯要在裝盒
之後放涼，菜餚則是充
分放涼之後才盛裝進便
當盒。

4

瀝乾醬汁

菜餚的醬汁也是造成便
當腐敗的原因。如果有
醬汁殘留，要先用廚房
紙巾輕輕按壓之後才盛
裝進便當盒。

關於便當盒

除了幼兒園的孩童和正值發育期的男學生
之外，500㎖的便當盒尺寸會剛剛好。雖
然什麼材質製作的都可以，但如果使用的
是日式曲木便當盒或金屬製便當盒，飯菜
不易燜濕也不易腐敗，很推薦大家使用。
若是擔心味道轉移，只要把菜餚裝在紙杯
裡就可以了。

我已經為兩個女兒做了十五年左右的便當。
製作便當是每天的例行公事。
從早上開始工作就很繁忙的日子、身體不舒服的日子、宿醉（!?）的日子……
即使是在那樣的日子裡，也不會有任何人代替我製作便當。
在各種不同的情況下，要怎麼樣才能做出讓做便當的人沒有壓力，吃便當的人也開心的便當呢？
我反覆地試驗，從錯誤中學習。
在不斷摸索的過程中好不容易得出一個結論，我將它全部濃縮在這一本書裡面。
如果能藉由這本書，把「可以再輕鬆一點哦」的想法傳遞給所有做便當的人，那就是我最高興的事了。

料理　藤井 惠（Megumi Fujii）

活躍於雜誌、書籍、電視等領域的料理研究家、營養管理師。著有《藤井惠さんの体にいいごはん献立》、《藤井惠さんの体にいい和食ごはん》、《もやし100レシピ》（皆為学研出版）等多本書籍。

一人便當
化繁為簡，讓你做便當再也不手忙腳亂

2020年11月1日初版第一刷發行
2022年11月1日初版第三刷發行

作　　　者	藤井 惠	
譯　　　者	安珀	
編　　　輯	邱千容	
美術編輯	寶元玉	
發 行 人	若森稔雄	
發 行 所	台灣東販股份有限公司	
	＜地址＞台北市南京東路4段130號2F-1	
	＜電話＞(02)2577-8878	
	＜傳真＞(02)2577-8896	
	＜網址＞http://www.tohan.com.tw	
郵撥帳號	1405049-4	
法律顧問	蕭雄淋律師	
總 經 銷	聯合發行股份有限公司	
	＜電話＞(02)2917-8022	

TOHAN

Fujii Bentou
© Megumi Fujii/Gakken
First published in Japan 2020 by Gakken Plus Co., Ltd.
Traditional Chinese translation rights arranged with
Gakken Plus Co., Ltd.

國家圖書館出版品預行編目資料

一人便當：化繁為簡，讓你做便當再
也不手忙腳亂 / 藤井惠著；安珀
譯. -- 初版. -- 臺北市：臺灣東販,
2020.11
128面；18.2×23.8公分
ISBN 978-986-511-508-1(平裝)

1.食譜

427.17　　　　　　　　　109014998

日文版STAFF

設計	野澤享子
	（パーマネント・イエロー・オレンジ）
攝影	鈴木泰介
造型	大畑純子
校對	草樹社
編輯・架構	佐々木香織
企劃・編輯	小林弘美（学研プラス）
攝影協力	UTUWA